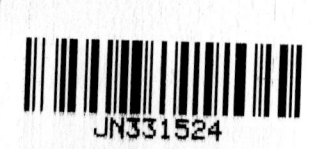

天然石探し

自然環境研究オフィス著

関西
地学の旅⑨
Kansai Roadside Geology

東方出版

天然石を探しに行こう

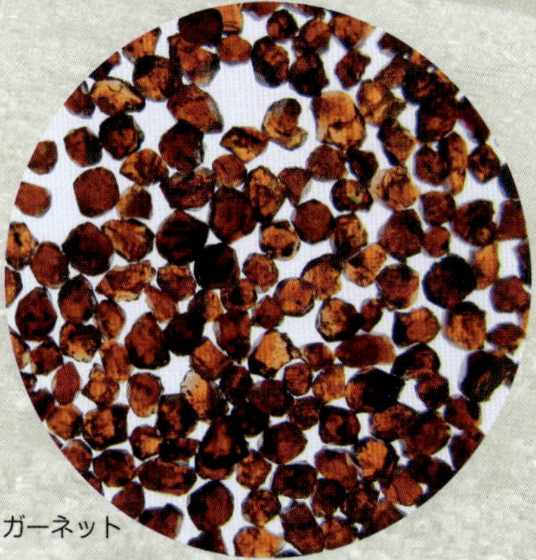

ガーネット

ガーネットと
サファイア

砂粒の中にガーネットや
サファイアなどが見える

石英

高師《たかし》小僧

水晶で作った装飾品

サファイア

■大和川 ……………………………………………… ＜柏原市高井田＞

1. 花こう岩に含まれるガーネット

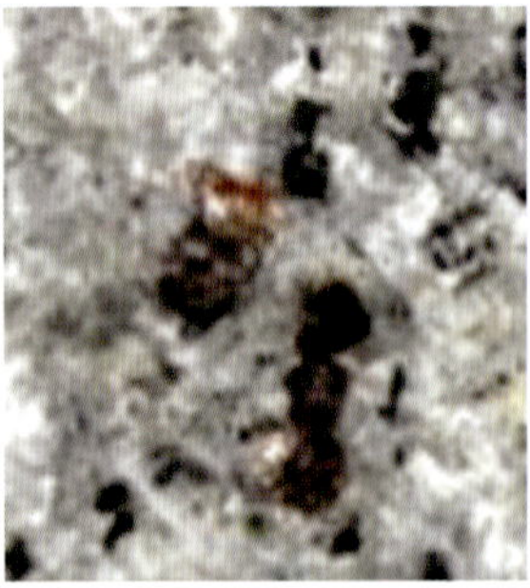

2. 火山岩に含まれるガーネット

3. ガーネットの密集

4. サヌカイト

5. ペリドット

6. 緑泥石

■石澄川支流 ……………………………………………<池田市東畑>

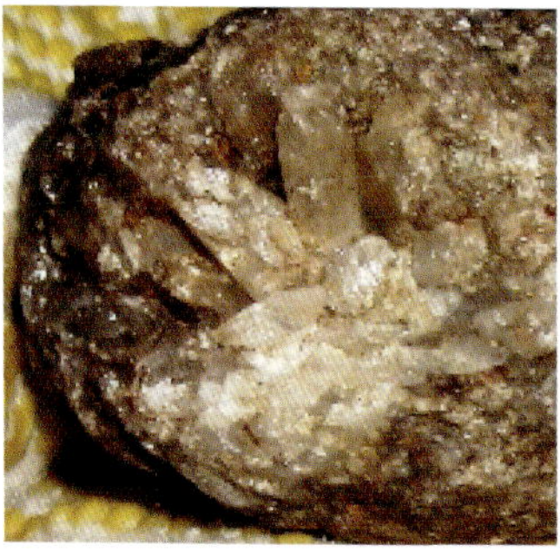

7. 水晶

8. 磁鉄鉱の塊り

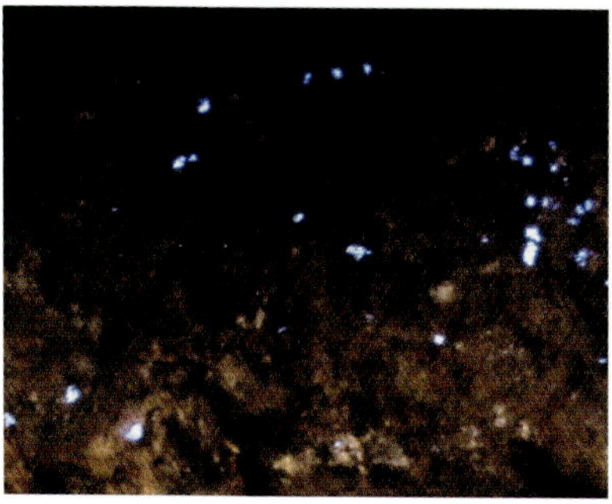

9. 灰重石（青白く輝いているところ）

10. 黄銅鉱（黄色）方鉛鉱、磁鉄鉱など

■木津川 1 ……………………………………………<木津川市加茂>

11. 菫青石

12. 水晶

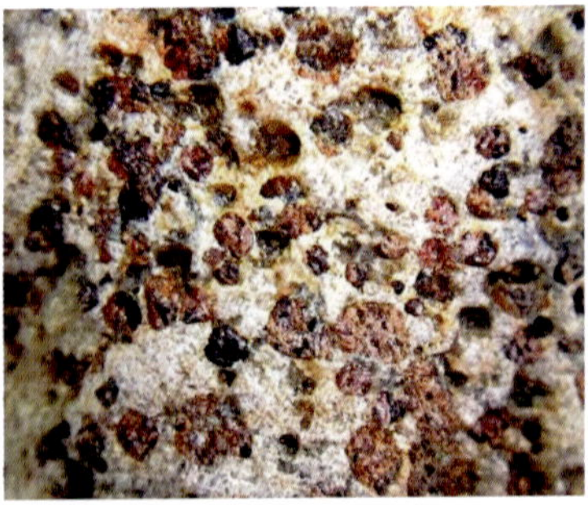

13. ガーネットの密集

14. 形のきれいなガーネット

15. トルマリン

16. 白雲母の密集

■木津川２ ……………………………………………＜八幡市御幸橋＞

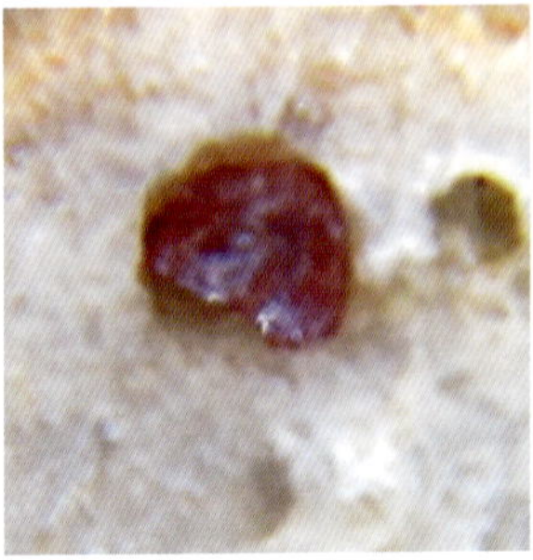

17. 花こう岩中のガーネット
（約 2mm）

18. 火山岩中のガーネット（約 3 mm）

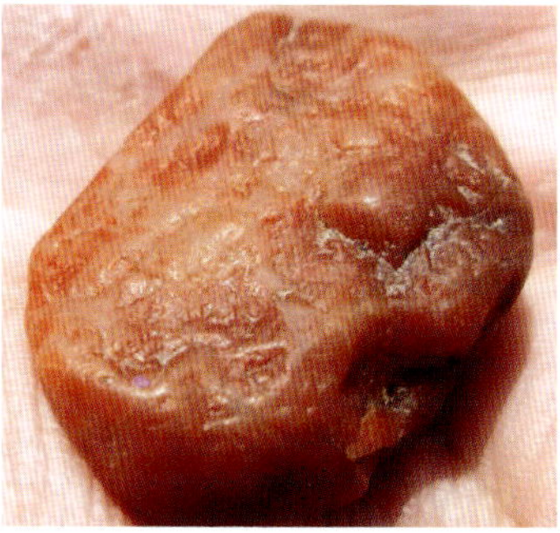

19. メノウ（約 2㎝）

20. 菫青石

21. 紅柱石

22. 紅柱石

23. 水晶

24. 高温水晶

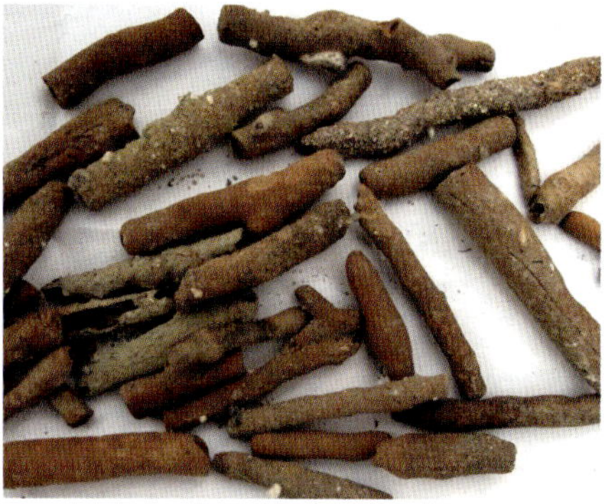

25. 高師小僧

■桂川……………………＜西京区嵐山＞

26. 小さな水晶の集まり

27. 水晶（柱の太さ約１㎝）

■加古川……………………＜小野市市場＞

28. 砂金

29. レッドチャート

30. グリーンチャート

31. 水晶（柱の太さ約１㎝）

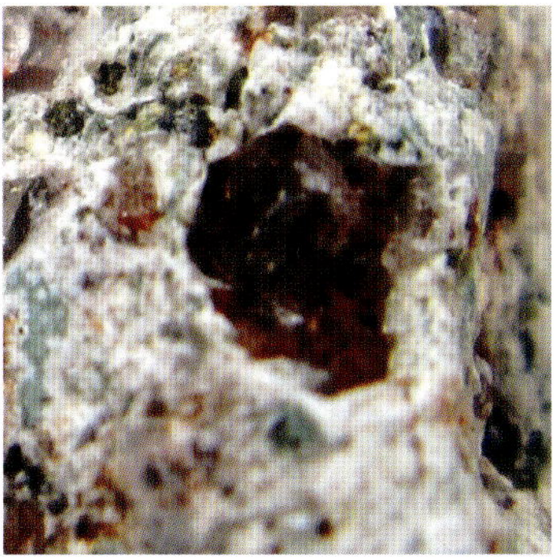

32. ガーネット（赤）

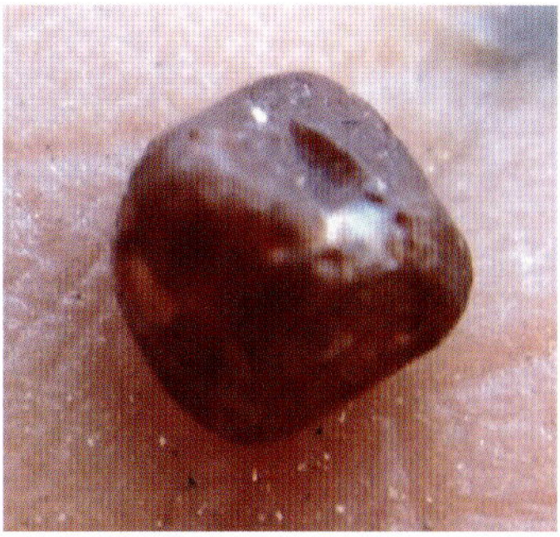

33. ガーネット（7 mm）

34. カルセドニー

35. 珪化木

36. カンラン石

37. 黄鉄鉱（5mm）

■竹田川 ……………………………… ＜香芝市穴虫＞

38. ガーネットが集まっている

39. ルーペで見ると

40. 椀掛けで集めたガーネット

41. 大粒のガーネット
(5-8mm)

42. 石英

43. 大粒のガーネット
(5-8mm)

44. サファイア

■吉野川 ……<吉野郡下市>

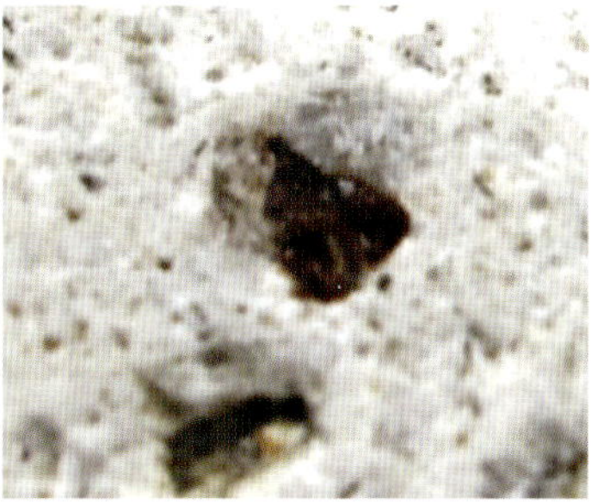

45. 小粒ガーネット（1 mm）

46. 高温水晶（5 mm）

47. 緑泥片岩（15㎝）

48. ガーネットと石英（1 mm）

49. ガーネット（赤い点、1 mm）

高見川 ……………………………………… <吉野郡東吉野>

50. 緑泥石や緑簾石

51. 自然銅（赤茶色の部分）

52. 黄銅鉱（金色の部分）

53. 紅簾石

宇陀川 ……………………………………… <宇陀市室生大野>

54. 赤い点々がガーネット（安山岩）

55. ガーネット（片麻岩）

■瀬田川……＜大津市大石東＞

56（左）・57. ホルンフェルス中の菫青石（白っぽい部分）

■紀ノ川……＜橋本市橋本＞

58. レッドチャート（5㎝）

59. 紅簾片岩（5㎝）

60. 緑泥片岩

61. 斑銅鉱

■有田川 ……………………………………………… ＜有田川町藤並＞

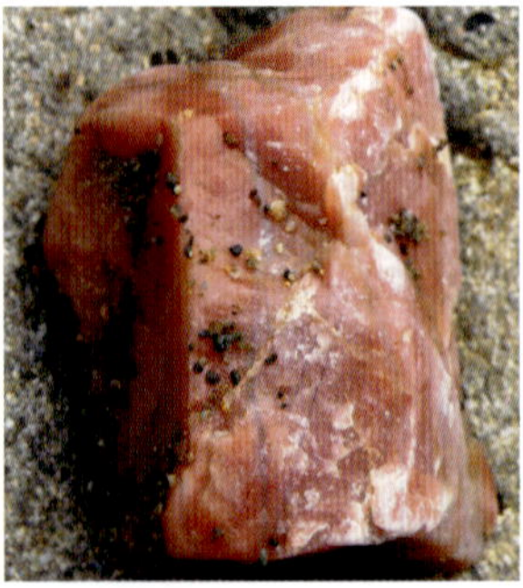

62. レッドチャート（3㎝）

63. 紅簾片岩（7㎝）

64. 緑泥片岩（15㎝）

65. 緑泥石の細かい結晶の集まり

66. 縞状チャート

67. ちいさな水晶

■日高川 ……………………………………＜御坊市煙樹浜＞

68. 約 5cm ～ 3cm の大きさの砂岩

69. いろいろな色のチャートなど

■服部川 ……………………………………＜伊賀市大山田＞

70. トルマリン（長さ約 4cm）

71. ガーネット（大きさ約 4 mm）

72. ガーネットを点々と含む石

73. 巻貝の化石（白い部分）

■街の宝石 ……………………………………………………… ＜大阪市内＞

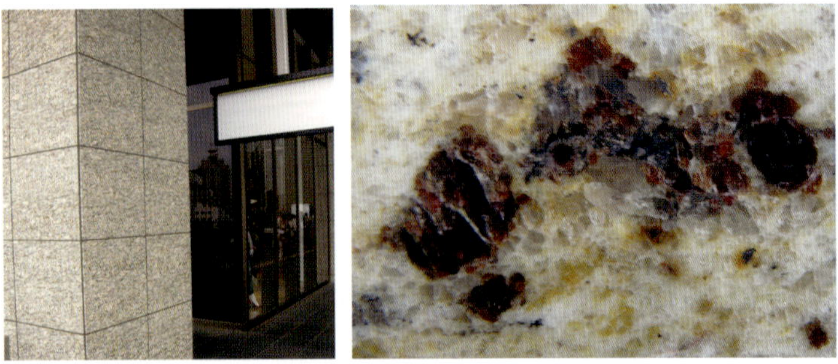

74. 大阪駅北口。左の柱の面に見られるガーネット

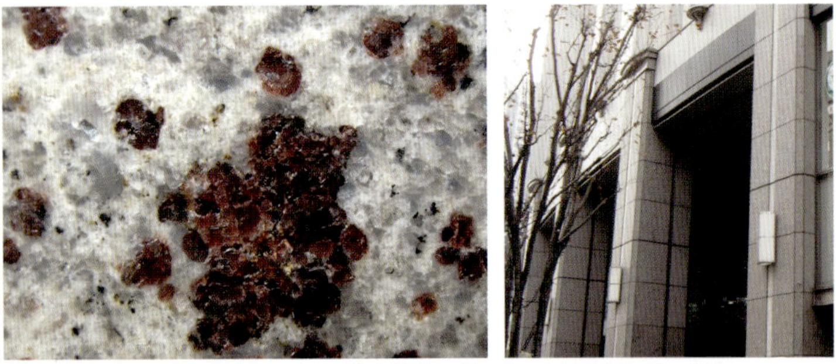

75. ヨドバシカメラのビルの柱や外壁にガーネットが無数に見つかる

76. 大阪市立歴史博物館前の床にはカリ長石の大きな斑晶が見られる花こう岩が使われている

77. 大阪市立科学館前の床面に見られるガーネット

■街の宝石 ＜京都・神戸＞

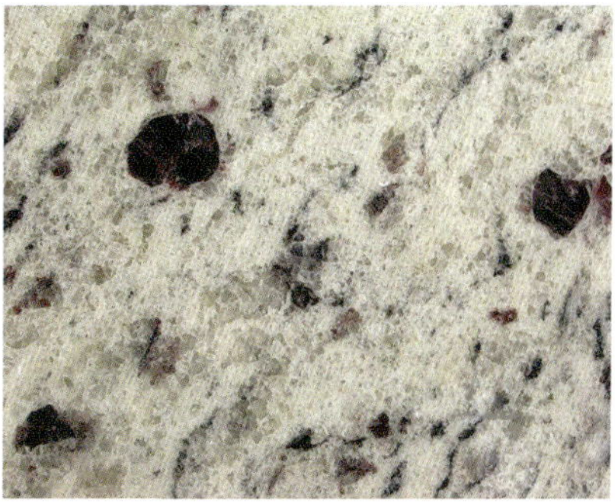

78. 京都駅八条口。白い柱の中に赤いガーネットがたくさん見られる

79. 三宮地下街の床面

80. 左の写真のモザイク模様の 1 つに縞瑪瑙がある

81. 三宮地下の閃長岩

82. 左の写真の中のアルカリ長石が閃光している

<天然石を使って>

小粒のガーネット

色粘土に水晶片をはめた

高師小僧でいけばな風に

14ｃｍ四方のミニ箱庭（手前から右回りにガーネット砂、メノウ、紫水晶、オパールを含む石）

水晶とトルマリンを含む石

虎目石

ガーネットのネイルアート

はじめに

天然石とは何でしょう？　天然（＝自然）が造りだした石ということでしょう。それでは自然界にあるどの石も天然石になるかというと、そうではなく一般的には自然が造りだした石や鉱物の中で、色や形が美しいものや希少価値のあるものがそう呼ばれています。そのため学問的な名称ではありません。

鉱物が集まって石（岩石）が造られています。また鉱物の中で美しく希少価値のあるものを宝石と呼んでいます。天然石、鉱物、宝石、岩石という言葉にはこのような関係があります。本書で扱う天然石はほとんどが鉱物と呼ばれるものですが、いくつかは硬くて色がきれいな石も含めています。

川原へ出かけると石ころが多くたまっているところがあります。実は川原は天然石の宝庫です。石の中に含まれるガーネットや水晶などが見つかる川がいくつもあります。いずれも大きなものではありませんが、色がきれいなものや形が整ったものを見つけることができるでしょう。本書では多くの川の中からそのような天然石が見つかる川原を掲載しました。

自分で見つけた天然石はたとえ小さなものであっても自分にとっての宝石になります。見つけた天然石をルーペで見てみるとさらにその美しさが数倍に広がり、まったく別世界に入ったようで、至福のひと時になります。自然が創り出す美しい色や幾何学的な整った外形を見ていると本当に神秘的で不思議な感じを抱きます。

また、天然石の中にはパワーストーンと呼ばれている石や鉱物があります。それらは何億年も前にできた鉱物がほとんどです。このような長い年月は人の人生と比べると永遠のものと思えます。そのためそのような石にある力が潜んでいると思うのは自然なことかもしれません。現在の科学技術ではパワーストーンと呼ばれる石から何らかの測定可能なパワーは見つかっていません。しかし自らが見つけた石をパワーストーンと信じて身につけることができると思います。あなたのパワーストーンを見つける旅に出てみませんか。石があなたを待っています。

自然環境研究オフィス　代表　柴山元彦

＊川に出かけるときは天候や増水などに十分気をつけてください。一級河川は国土交通省のホームページに河川の主要地点での水位や降雨の情報が10分単位でリアルタイムに掲載されていて携帯電話で見ることができます。

●目次

宝石コラム

1章　川原へ石を探しに行こう

どのような川へ行くと見つかるのでしょうか？　近畿地方の15カ所の川で実際に出かけたときの様子をこれから書いてみます。

多くは広い川原です。たくさんの小石が川原にたまっています。大水が出るごとにその様子は変化します。そのために行くたびに新しい発見があります。

ただ川は上流で大雨が降ると突然水かさが増します。また、上流にダムがあると放流が行われることもあります。天気予報や放流の情報を常に得るようにしておかなければなりません。

国が管理する一級河川では1河川で数カ所、水位や雨量の情報をリアルタイムで携帯電話やインターネットのホームページで見ることができるようになっています。

近畿地方の水位や雨量は以下のアドレスから入ることがで

川原で採った石を割る

普段の加古川の川原（上）と雨で増水した加古川

きます。

　国土交通省川の防災情報 http://www.river.go.jp/86.html

　このページから見たい河川を選びさらに出かける場所に最も近い水位計や雨量計のデータがある場所を選ぶと数値やグラフでその変化を見ることができます。

　また石は水の流れているところではなく川原の水の流れがないところのものを探すようにします。

　このような安全に関することを十分考えて、楽しい天然石探しを行ってください。

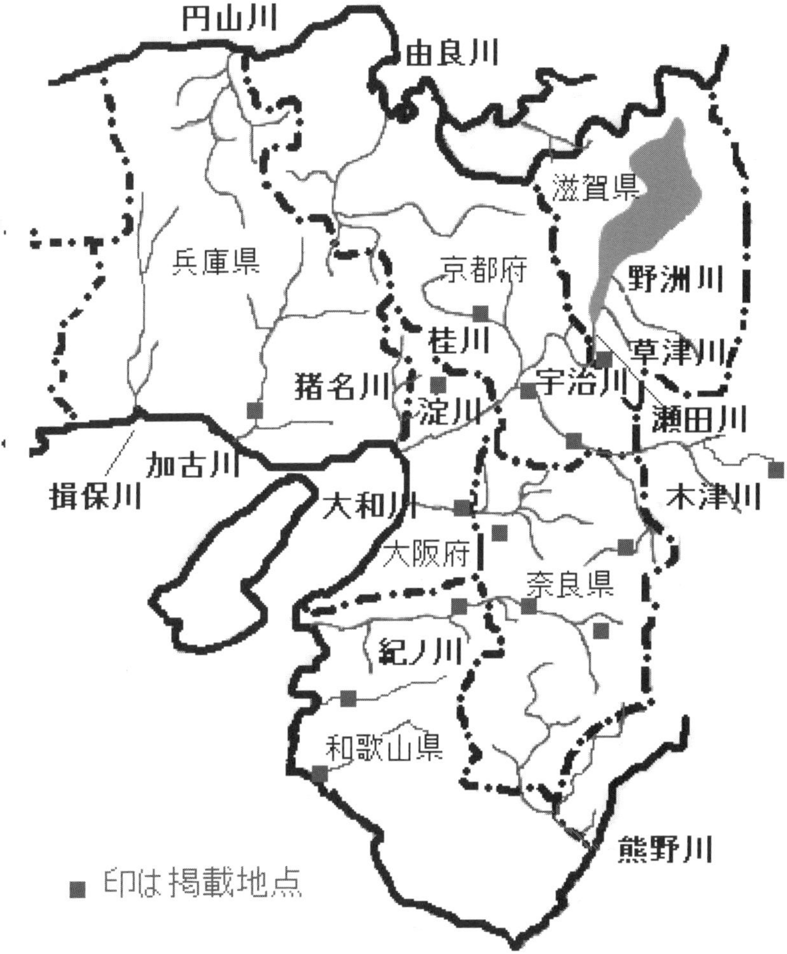

近畿の主要な河川と本書掲載地

大阪

大和川（柏原市高井田）

ガーネット、サヌカイトほか

大和川は奈良盆地の水を集め生駒山地の南端を越えて大阪府に入り大阪湾に流れこむ一級河川です。高井田付近は生駒山地を削り込んで流れている部分にあたり、川幅も狭くなるところです。北の生駒山地や南の二上山、金剛葛城山地から奈良側に流れ出した支流が集まるため、これらの山々を構成していた火山岩や深成岩のいろいろな石を運んで、この高井田付近を通過していきます。そのため高井田付近にはいろいろな種類の石を見ることができます。その中でもガーネットは色の異なる二種類のものが見つかります。１つは北の花こう岩に含まれる鮮やかな赤色をしたガーネット（口絵１）です。もう１つは南の二上山の火山岩に含まれるガーネット（口絵２）で赤黒い色をし

大和川、高井田付近の川原

大粒のガーネット

大粒のペリドット

ています。いずれも大きさは2mmくらいですが、時々密集したものも見つかります（口絵3）。この付近の砂の中にもガーネットが含まれます。砂金を採る要領で、浅いおわんのようなものに砂を入れて水の中でゆすり、上の方の砂粒だけを水の中に流していくと最後に残るのがガーネットと黒い砂です。黒い砂は磁鉄鉱で磁石に引き寄せられます。

また、カンカン石といわれるようにハンマーで石をたたくときれいな金属音がする石があります。サヌカイト（サヌキトイド）と呼ばれる安山岩で、表面は白いのですが、中は真っ黒な緻密で硬い石です（口絵4）。割れ口が刃物のようによく切れるので古代では石器として利用されました。いろいろな大きさのものを集めると音階を作ることもできます。この石を割るときは鋭利な破片が飛び散り怪我をすることがありますので、十分気をつける必要があります。

黒っぽい石を割ると中に淡い緑色の斑点が見つかることがあります（口絵5）。これは玄武岩の中に含まれるカンラン石（オリビン、宝石名：ペリドット）です。

このほかにもペグマタイト（花こう岩の構成鉱物と同じ黒雲

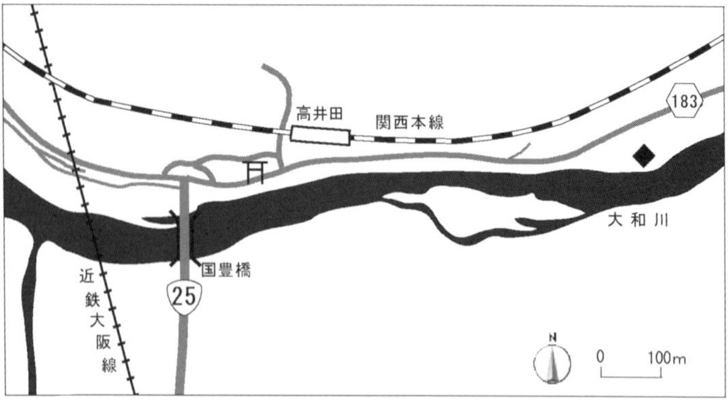

母、石英、長石で構成されているが1つ1つの鉱物が大きいので巨晶花こう岩といわれる）と呼ばれる石が見つかります。この石の中には珍しい鉱物を含むことがあります。

＜この川原で見つかった天然石＞

ガーネット／サヌカイト／ペリドット／緑泥石

＜交通＞JR 大和路線（関西本線）高井田駅下車。徒歩10分。

＜流域の地質＞

大阪府と奈良県の県境にそびえる生駒山地と二上山、金剛葛城山系を横断して流れる川が大和川です。この横断するところは川幅が狭くなり渓谷のようになっています。その渓谷が終わって大阪平野側に出たところが高井田に当たります。ここより北側の生駒山地は大部分が約1億年前のいろいろな花こう岩でできています。そのうちの1つにガーネットを含む花こう岩があり、そこを流れる竜田川を経て大和川に流れ込むときに運ばれてきます。

また高井田の南には二上山があり、この山には流紋岩、安山岩、玄武岩と、約1500万年前のいろいろな火山岩が分布します。これらの安山岩や流紋岩には、ほぼどれにもガーネットを含みます。また玄武岩にはカンラン石を含んでいます。またサヌカイトも出てきます。これらの石が大和川に流れ込みます。

宝石コラム　1

水晶とガラスを見分けるには？

ガラスと水晶を見分けるのはなかなか難しいです。

下の写真にガラス玉と水晶が混在しています。外見からだけだとほとんど見分けがつきません。ところが偏光板を利用するとこの２つを見分けることはいたって簡単になります。

ガラス玉と水晶を２枚の偏光板の間に挟むと右のように見えます。黒い十文字が入っているのがガラス玉です。中心に渦模様があり、そこから白い部分と黒い部分が伸びているほうが水晶です。これはガラスが非結晶で水晶が結晶だからです。

このように偏光板を使うと容易に見分けることができます。

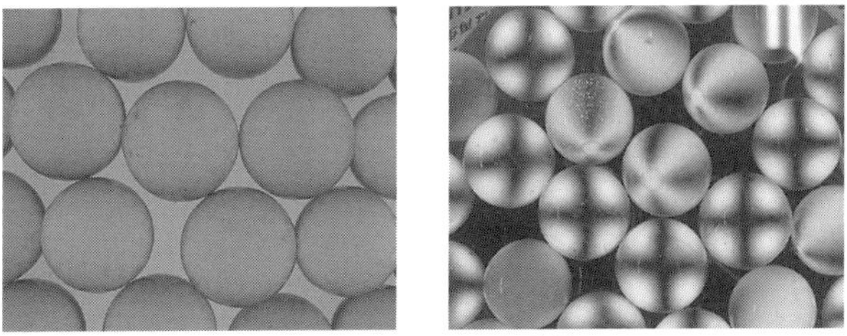

ガラス玉？　それとも水晶？

大阪

石澄川支流（池田市東畑）

水晶、磁鉄鉱、灰重石、黄鉄鉱ほか

池田市の住宅街に程近い山の中を流れる石澄川は、すぐ東側にある箕面の滝を流れる箕面川と同じように北摂山地から大阪平野側に流れ出しています。東畑バス停から住宅街を抜けて石澄川をさかのぼります。途中で支流の方に入り堰堤をこえてさらに上流に向かいます。小さな滝がある付近での川原で天然石を探します。白い石は石英ですが、六角形の柱状の水晶になっているものがあります（口絵7）。またここは磁鉄鉱という磁力を帯びた鉱物がよく見つかります（口絵8）。そのため磁石をもっていくと見つけやすいです。この近くには昔、秦野鉱山

石澄川支流の川原

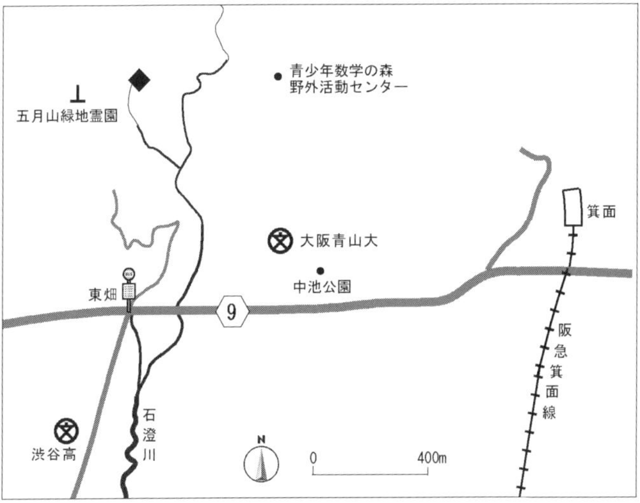

がありました。この鉱山は戦争中に大阪では珍しいタングステンを採っていました。ここのタングステンを含む鉱物は灰重石といいます。白から肌色をしていますが、肉眼では石英や長石と区別がつきません。紫外線ランプで紫外線を当てると青白く光るのですぐわかります（口絵９）。

その他、白っぽい黄色をした黄鉄鉱や、黄色の黄銅鉱（口絵10）、青色をした斑銅鉱、灰色の金属光沢をした方鉛鉱、緑色をした緑簾石、そのほか閃亜鉛鉱、灰鉄輝石、磁硫鉄鉱などいろいろな鉱物を見つけることができます。見つけた鉱物はデジカメで撮影して記録しましょう。

＜この川原で見つかった天然石＞

水晶／磁鉄鉱／灰重石／黄銅鉱／方鉛鉱／磁鉄鉱

＜交通＞阪急バス東畑バス停下車。徒歩30分。

＜流域の地質＞

大阪府の北部にそびえる北摂山地は、約２億年前の堆積岩が分布しています。石澄川はこの北摂山地に源をもち大阪平野に流れ出し石橋付近で箕面川に合流します。観察地付近は２億年前の堆積岩である砂岩や泥岩などが分布する地域ですが、ここにはタングステンを採っていた秦野鉱山がかつてありました。約２億年前にできた石灰岩などの岩石に、約6400万年前にマグマが貫入してできた高熱接触交代鉱床です。カルシウムを中心とした鉱物が多く、スカルンと総称されています。

豊臣時代に発見されたといわれていて、大正末期から昭和初期にかけて盛んに採掘されました。主として閃亜鉛鉱を採掘していましたが、戦時中はタングステンを採掘していました。

宝石コラム　2

顔料・薬としての鉱物

古代から、鉱物の粉は顔料として利用されてきました。高松塚古墳で発見された美人画では、辰砂が赤色にクジャク石が緑色に藍銅鉱が群青色に使われたことがわかっています。他の鉱物ではラピスラズリは青色として、鶏冠石は橙色の顔料として使われています。

また、薬としても使われていました。顔料にもなっている辰砂は鎮静剤として利用され、金箔は解毒効果があるとされていました。滑石は胃腸炎に効果があるとされ、赤鉄鉱は貧血予防、止血剤として使われていました。江戸時代には結膜炎治療に菱亜鉛鉱を水で溶いて作った目薬を、ミョウバンは止血剤として使っていました。アメジストはお酒に酔わないと信じられていた時代もあります。

京都

木津川 1 （木津川市加茂）

紅柱石、菫青石、トルマリンほか

木津川はここ加茂付近から東の方が上流にあたり伊賀地方から西へ流れてきます。木津市を過ぎると流れを北に変え、八幡市付近で他の2つの河川と合流し淀川となります。

加茂付近では川原に10cmくらいの石が多くありますが、次項で紹介する八幡付近では大きくても3～5cm位のものになっています。大きいため割るのが少し大変です。

ここで多く見つかるのは紅柱石が含まれる黒っぽい色をしたホルンフェルスという石です。紅柱石は字のごとく赤い色をした柱状の結晶をした鉱物ですが、多くは風化して白くなってい

木津川、加茂付近の川原

紅柱石

大粒ガーネット

ます。結晶の表面は白くなっていますが中が赤いものを探すとよいでしょう（写真上）。

次に同じ黒っぽい色をしたホルンフェルスという石の中に見つかる菫青石を探しましょう。白い斑点ですが先ほどの紅柱石と違って丸い形をした白い斑点を探します。これももとの鉱物から風化して白くなっていますが、形が花びらのようになっているきれいなものがあります（口絵11）。京都の亀岡地方では桜石と呼ばれて天然記念物に指定されています。ここでも赤っぽい色をして花びらのような形になったものも見つかります。

次は赤い色をしたガーネットを探します。これは白っぽい石で花こう岩と呼ばれる石の中に含まれます（口絵13・14）。写真のように密集しているものや結晶の外形が二十四面体をしているものなどいろいろあります。細かい粒が密集して大粒に見えるようなものもあります。

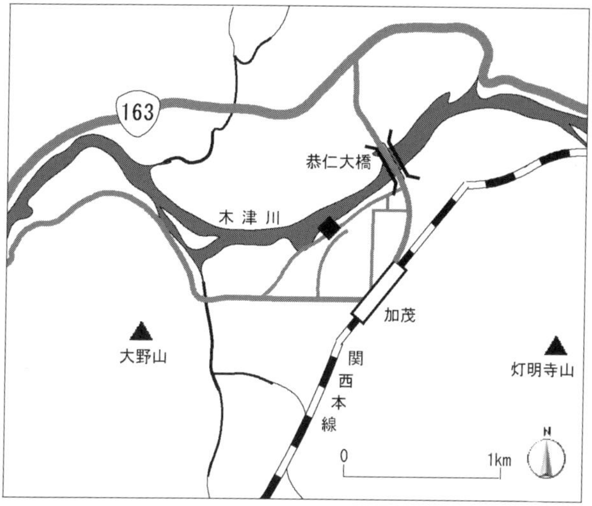

その他、口絵15にあるような黒い棒状のトルマリンや口絵12のような水晶が見つかります。水晶は白い石英の塊の石を探し、その表面にあるくぼみを覗くとその中に六角形の柱状をしたものが見つかります。また白雲母が密集したもの（口絵16）や黒雲母が密集したものもあり、光に当たるときらきら輝きます。

さらになかなか見つからないのですが緑柱石が出たこともあります。淡い緑色の柱状に結晶したもので長さが2cmくらいありましたが、かなり風化していました。緑柱石で透明感のあるものはエメラルドと呼ばれますが、日本ではこのようなものは見つかっていません。

このほか、チャートと呼ばれる硬くて表面がつるつるした石は五色石とも言われ、いろいろな色のものが見つかります。

＜この川原で見つかった天然石＞

紅柱石／菫青石／ガーネット／トルマリン／水晶／白雲母

＜交通＞JR 大和路線加茂駅下車。徒歩10分。

＜流域の地質＞

木津川は非常に流域面積の広い川です。上流は三重県伊賀市付近から始まり、京都府に入ります。加茂付近より上流では、約２億年前の堆積岩地帯（砂岩、泥岩やチャート）、主に１億年前に熱による変成作用を受けた変成岩地帯、約１億年前の花こう岩地帯が広がっていて、そこをこの木津川が流れてくるため、これらの石がどれも運び出されてきます。そのためここでは多くの種類の石を観察することができます。

特に加茂からすぐ上流側にホルンフェルスと呼ばれる熱による変成作用を受けた岩石が分布するため、その時にできた紅柱石や菫青石がこの付近には多く見られます。

宝石コラム　3

歴史に名を残した女性と宝石〈1〉

歴史に名を残す美女たちも宝石に魅了された人々の一員です。彼女たちにまつわるエピソードがあります。

世界３大美女の一人として有名なクレオパトラは自らエメラルド鉱山を所有していました。そこから掘り出されたエメラルドは自らを飾ることはもちろん、家臣への褒美としても使われています。

中国の楊貴妃は真珠を溶かしたお酒を飲んだり、お風呂に入ったりして美しさを保ったとされています。

京都

木津川２ （八幡市御幸橋）

ガーネット、メノウ、高師小僧ほか

木津川は八幡市で桂川と宇治川と三川が合流し淀川となります。合流する少し上流側の木津川の川原で天然石を探します。広い川原に出ると砂が多く広がっていますが、５cm くらいの小石が集まっているところもあります。その小石を調べてみてください。

まず白っぽい石を探しましょう。その中に小さなガーネットが赤い色で点々と入っています（口絵17）。ほとんどが石英と長石ばかりでできた花こう岩です。また火山岩の中にもガーネットが見つかります（口絵18）

木津川、御幸橋下流の川原

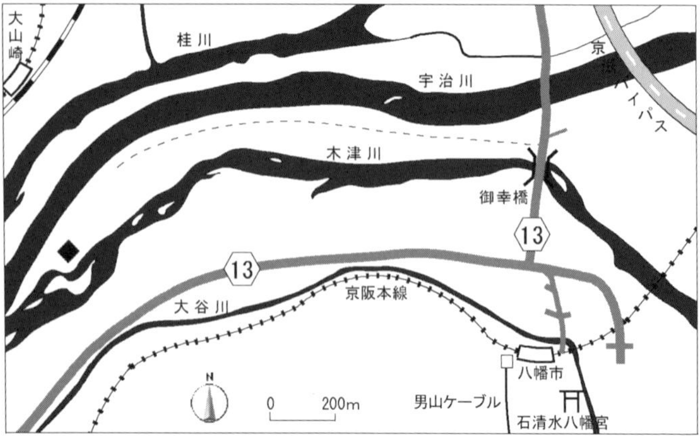

表面がつるつるした硬い石で赤色や黄褐色をした石があればメノウです（口絵19）。

灰色から黒っぽい石では菫青石（コーディエライト、口絵20）と紅柱石（アンダルーサイト、口絵21・22）が見つかります。

水晶は砂の中から見つかることがあります（口絵23）。また、石英の塊である白っぽい石をよく見るとくぼみの中に水晶ができていることがあります。算盤球のような形をした高温水晶は、灰色をした火山岩の中から見つかったり、砂の中に単体で含まれていたりします（口絵24）。

ここでも、チャートと呼ばれる硬くて表面がつるつるした石（五色石）は、いろいろな色が見つかります。

さらにこの川原では高師《たかし》小僧と呼ばれ、他の府県では天然記念物に指定されている不思議な石がたくさん出てきます（口絵25）。これは植物の根の周りに鉄が集まってきてできるもので褐色をしているため褐鉄鉱（針鉄鉱）といわれています。筒状の中心に根が残っていることがあります。

＜この川原で見つかった天然石＞

ガーネット／メノウ／菫青石／紅柱石／水晶／高温水晶／高師小僧

＜交通＞京阪電鉄本線八幡市駅下車。徒歩10分。

＜流域の地質＞

木津川は非常に流域面積の広い川です。上流は三重県伊賀市付近から始まり、京都府に入り、桂川や宇治川と合流して淀川となり大阪湾に流れ込みます。ここ八幡市より上流では、約2億年前の堆積岩地帯（砂岩、泥岩やチャート）、主に1億年前に熱による変成作用を受けた変成岩地帯、約1億年前の花こう岩地帯が広がっていてそこをこの木津川が流れてくるため、これらの石をどれも運び出してきます。そのためここでは多くの種類の石を観察することができます。

また、すぐ近くに河床複合遺跡があるためか、弥生～古墳時代の土器片を川原で見つけることもできます。

宝石コラム　4

歴史に名を残した女性と宝石〈2〉

フランス革命で断頭台の露と消えたマリー・アントワネットはダイヤモンドに非常に興味を覚えており、540個ものダイヤモンドがあしらわれた当時のお金で160万リーブル（日本円でおよそ200億円）もする「王妃の首飾り」詐欺事件に巻き込まれています。

この事件が引き金となりマリー・アントワネットの人気はますます落ちたとされています。この首飾りはバラバラにされ、マリー・アントワネットの手に渡ることはありませんでした。

京都

桂川（西京区嵐山）

水晶

京都市の嵐山近くを流れる桂川はその上流で約２億年前の砂岩や泥岩などの堆積岩の分布する地域を流れてきます。それらの堆積岩の中には石英の脈が含まれていることが多いため、その脈の中から水晶が見つかります。そのためここの川原では水晶を観察することができます。

水晶を探すコツは白い石英の塊の石をまず探します。その石の表面にくぼみがあればそのくぼみの中に水晶ができています。川の流れで運ばれてくるために表面にある水晶は削られてしまいますが、くぼみの中のものは残っています。

桂川、松尾橋付近の川原

水晶（柱の太さ約 1 cm）

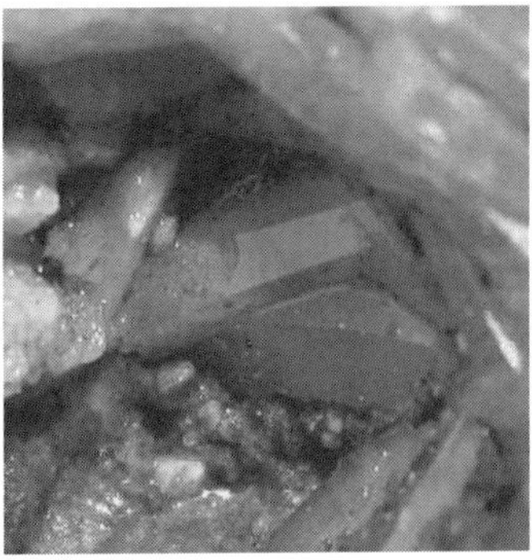

水晶（柱の太さ約 1 cm）

水晶は石英と同じ成分をしていて二酸化ケイ素でできています。ただ違いは、水晶が六角形の柱状をした結晶の外形を持っていることです。ここでは水晶の結晶が集まったものや折り重なって集まったものなどが見つかります。色は透明なものから白く白濁したものまであります。

この他にレッドチャートといわれるきれいな赤色をした石も目に付きます。放散虫というプランクトンの遺骸（二酸化ケイ素）でできていて、それが太平洋の深海底に降り積もってできた石です。非常に硬い石でかつては火打石に使われました。

＜この川原で見つかった天然石＞

水晶

＜交通＞阪急嵐山線松尾駅下車。徒歩 5 分。

＜流域の地質＞

松尾橋付近の桂川はすぐ上流が嵐山、その上流が保津峡と呼ばれる景勝地を流れてきます。保津峡の渓谷を作っている石は約 2 億年前の砂岩、泥岩、チャートなどの堆積岩です。このさ

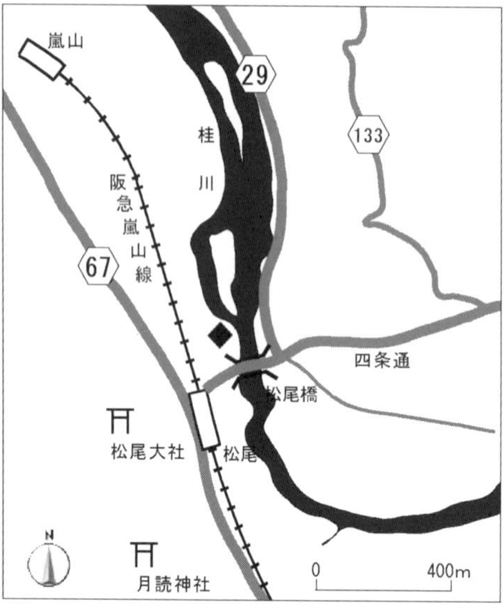

らに上流の桂川流域も同じ石でできています。

これらの堆積岩は、日本列島がまだ大陸の一部であった頃に沿岸の太平洋の海底に堆積した土砂と、当時の太平洋プレートに乗って運ばれてきた深海底の堆積物（おもにチャート、石灰岩や緑色岩）とが一緒になって大陸の一部として付け足されたものです。

兵庫

加古川（小野市市場）

ガーネット、カルセドニー、砂金ほか

兵庫県を南北に瀬戸内海へ流れこむ加古川は、流域面積1730 km^2、長さ96kmもある兵庫県で最大の河川です。さまざまな種類の岩石や地層の分布するところを流れてくるために、下流の川原には豊富な種類の石を観察することができます。

市場付近の川原は特に広く、観察のしやすいこぶし大の大きさのよく磨耗された石が多く転がっています。また岩盤（流紋岩）が一部川原に出ているところがあり、その付近では、砂金(口絵28)、ガーネットや磁鉄鉱などを砂の中から見つけることができます。

加古川、市場付近の川原

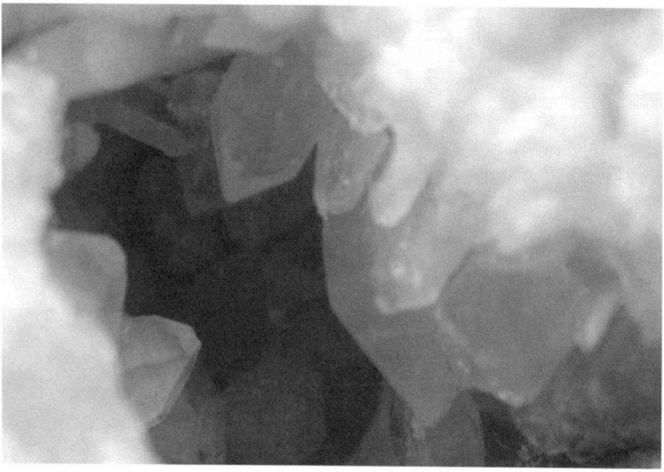

水晶（柱の太さ約0.5cm）

川原の石ころを観察してみましょう。すぐに目に付く真っ赤な石や少し赤茶色の石があります。これはレッドチャートと呼ばれる石で（口絵29）、非常に硬い石です。かつては火打石として使われたりしました。この石は約２億年前に大洋の深海底でプランクトン（放散虫）のガラス質の遺骸が堆積してできたものです。色はこの赤以外に灰色や緑（口絵30）や黒など五色石といわれるほどいろいろな色の種類があります。いずれも他の石に比べて硬いことが特徴です。

全体が白い色をしたやはり硬い石があります。これは石英の塊です。この石をよく見ると、くぼんだところの中に水晶が作られていることがあります。時々くぼみの中に１cmの太さの六角形をした水晶ができていることもありました（口絵31）。

またこのほかに赤い斑点が見られる石があります。この石は安山岩といわれ約1500万年前の火山活動で生まれた石です。赤い斑点はガーネットです（口絵32）。大きさは直径2mmくらいですが、透明感のある鮮やかな赤色をしています。まれに大粒の5mmを超えるものが見つかることがあります（口絵33）。

その他にここの川原では、玉髄（カルセドニー、口絵34）や珪化木（口絵35）といわれる硬くなった木の化石も時々見つけることができます。また淡い緑色をしたカンラン石（ペリドット、口絵36）も見つかります。

これ以外にも黄鉄鉱（口絵37）などいろいろな種類の石がありますので石の観察には大変いい場所でもあります。

＜この川原で見つかった天然石＞

水晶／カルセドニー／ガーネット／グリーンチャート／黄鉄鉱／カンラン石／珪化木／砂金／レッドチャート

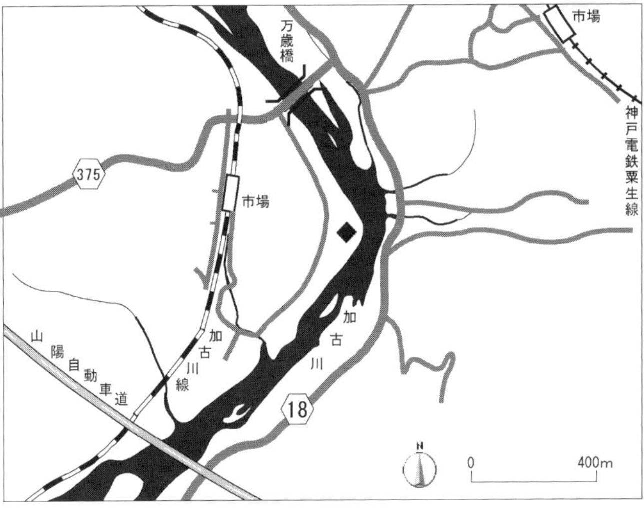

＜交通＞JR 加古川線市場駅下車。徒歩10分。

＜流域の地質＞

加古川は広い流域面積を持つ川です。そのためにいろいろな岩石や地層が分布するところを流れてきます。たとえば、上流から約３億年前の超塩基性岩（カンラン岩など)、約１億年前の酸性岩（花こう岩)、1500万年前の火山岩（安山岩、流紋岩)、約２億年前の堆積岩（砂岩、泥岩、チャート、緑色岩など）が分布しています。またところどころに約1500万年前の神戸層群と呼ばれる堆積岩が分布しているところを流れている場所もあります。このように地質年代も岩石の種類も多岐にわたるためここの川原ではいろいろな石を観察することができます。

宝石コラム　5

子どもは石が好き

子どもの中には、必ずと言っていいほど、石好きの子がいます。

石好きの子が好きな石は、けっして「ダイヤモンド」といった高価な石ではありません。どんな石かというと、色がきれい、形がおもしろい、持ってみて安心する、といった理由で石を集めているようです。集めた石を宝箱に入れて大切にしている子もいます。

私が、石が好きなのを知ると、たくさんの子どもたちが、いろいろな石を持ってきます。小学校の運動場にあった石から、旅行に行ったところで見つけた石まで、さまざまです。

中には、自分の大切なコレクションの中から石をくれる子どももいました。子どもにとって、宝箱に大切にしている石こそ、本物の「宝」石なのでしょう。

奈良

竹田川（香芝市穴虫）

ガーネット、サファイアほか

竹田川は奈良県と大阪府の県境にある二上山に源を発し、奈良県側へ流れ大和川に合流します。穴虫付近は二上山の東側にあたり、昔からこの付近ではガーネットの砂を採取する産業が近年まで続いていました。二上山は狭い範囲にいろいろな種類の火山岩が分布する珍しい山ですが、そのほとんどの火山岩にガーネットを含むのも驚くべきことです。そのためそれらの火山岩から洗い流されてきたガーネットが周辺の川砂の中に含まれることになります。

川原に下りてみましょう。水の流れのふちなどをよく見ると

竹田川、穴虫付近の川原

赤い点々が集まっているところがあると思います。これがガーネットの集合地帯です（口絵38）。ガーネットはほかの砂より少し比重が大きいため、特定のところに集まります。そのような場所を探してみてください。集まっているところの砂をとってルーペで見てみると口絵39のように大きさがいろいろな赤い粒のガーネットを見ることができます。このほかの黒い小さな粒は磁石を持っていくと引っ付くので磁鉄鉱や鉄片などです。磁鉄鉱は表面が光っています。

ここの砂にはそのほかサファイア（口絵44）などいろいろな鉱物が含まれています。いずれも大きさが数 mm ですので、ふるいで大きな砂を取り除いてから、ルーペを使ってじっくり観察しましょう。また砂金を採るときのようにパン（42頁参照）を使って椀掛け（パンニング）すると口絵40のようにガーネットだけを集めることができます。時々口絵41、43のような大きさが 5 mm を超える大粒のガーネットが見つかることがあります。また、青い透明感のある薄い板状の 1 ～ 2 mm くらいの大きさのものはサファイアです。白い透明な粒でそろばん玉のような形をしているものは高温水晶です。このほか砂の中から数十種類の鉱物が見つかるといわれています。1つ先の近鉄大阪線下田駅近くに二上山博物館がありますのでそこで調べてみるのもよいでしょう。

また、この川の上流には採石場や工場などがあるため人工物も多く含まれるので気をつけましょう。

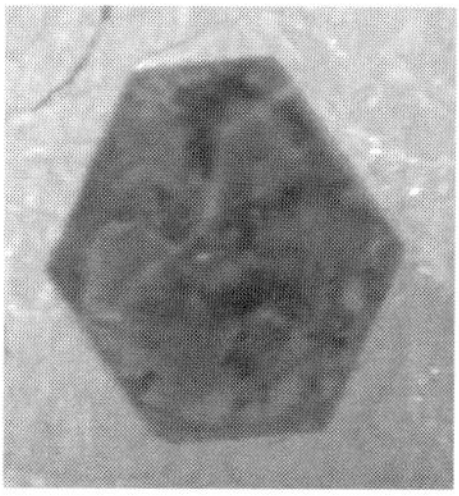

サファイア

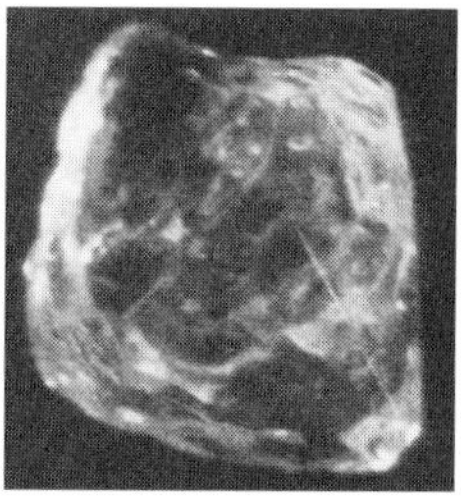

高温水晶

＜この川原で見つかった天然石＞

ガーネット／サファイア／高温水晶／石英粒

＜交通＞近鉄大阪線二上駅下車。徒歩15分。

＜流域の地質＞

大阪府と奈良県の県境にそびえる二上山は、金剛葛城山系の北の端にあり、二こぶのらくだの背のような形をした山で、高いほうが雄岳（515m）、低いほうが雌岳（474m）です。この山は、約1500万年前の火山活動によってできましたが、現在は火山ではありません。しかし、その当時の火山活動の形跡がいろいろなところに残っています。二上山周辺の狭い範囲にたくさんの種類の火山岩が見られることでも有名です。その中の１つの火山岩に含ザクロ石黒雲母安山岩があり、この岩石の中にガーネットなどの宝石鉱物を含んでいます。この石が風化してその砂が川に流れこむため、川底からガーネットなどが出てきます。また、ここのサファイアのようなガラス質で色が青くてきれいなものは日本ではここしか出てきません。

奈良

吉野川（吉野郡下市町）

ガーネット、高温水晶ほか

吉野川は奈良県から和歌山県に入ると紀ノ川と名前を変えます。下市口駅近くは吉野川になります。川原に出ると縞模様が入った淡い緑色をした大きな岩が川原に出ています。この石は緑色片岩と呼ばれる変成岩で堆積岩がおもに強い圧力を受けて変化した岩石です。吉野川に沿ってこの岩石が分布します。この大きな岩の周辺に小石がたくさん広がっています。その小石の中から鉱物を探します。

まずガーネットを探してみましょう。白っぽい石の中に小さな赤い点としてガーネットが入っています（口絵45）。この石

吉野川、下市口付近の川原

は花こう岩で黒雲母が少ないものに見つかることが多いようです（口絵48）。

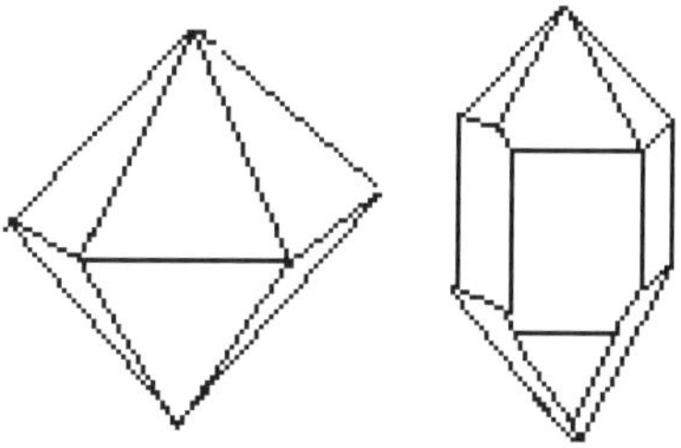

図１　高温水晶（左）と低温水晶

結晶片岩が分布する地域をこの川が流れているために、いろいろな種類の結晶片岩の小石が見られます。その中で天然石としてきれいなものは、赤い色をした紅廉片岩と緑色をした緑泥片岩（口絵47）です。赤は紅廉石、緑は緑泥石を含むためにそのような色になります。

白っぽい石で灰色の斑点になっているものは割ってみてください。半透明の小さなそろばん玉のような形をした鉱物が割れ目に飛び出していることがあります。これは高温水晶です（口絵46）。水晶のように六角形の柱がなく、とんがっている部分（三角錐が合わさって）だけでできています。

図１の左が高温水晶で、右が普通の低温水晶です。これはマグマの温度が、573℃以下か以上かで形が決まります。

また、砂の溜まっているところがありますが、そこの砂を取ってパンニングをするとガーネットが見つかります（口絵49）。１mm くらいの小さなものですが鮮やかな赤色をしているためすぐにわかります。そのほかに黒い小さな粒は磁鉄鉱で磁石につきます。

＜この川原で見つかった天然石＞

ガーネット／石英／緑泥片岩／高温水晶

＜交通＞近鉄吉野線下市口駅下車。徒歩15分。

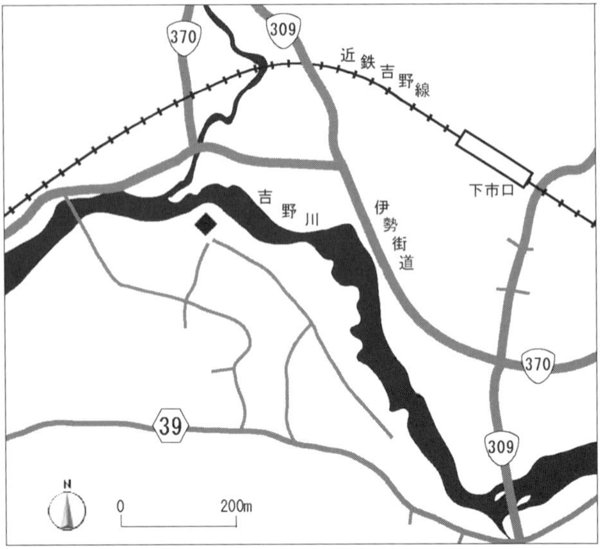

＜流域の地質＞

吉野川は中央構造線と呼ばれる大断層に沿って流れています。流域に分布する岩石は、約1億年前に変成作用があった結晶片岩類や、約2億年前の砂岩、泥岩やチャートなどの堆積岩と約1億年前の砂岩や泥岩などの堆積岩、約8千万年前の花こう岩などです。

また、結晶片岩地帯は中央構造線の南側で東西に分布していますが、その中に多くの鉱山がかつてありました。現在はすべて閉山していますが、金属資源を採掘していました。そのため、この川にもそれらから流れ出してきた鉱物が含まれます。

奈良

高見川（吉野郡東吉野村）

緑泥石、緑簾石、ガーネット、自然銅ほか

高見川は奈良県と三重県との県境にそびえる高見山（1248m）付近に源をもち、丹生川上神社前を経て東吉野村役場前を流れ、吉野町に入ったところで吉野川に合流します。流域のほとんどが三波川変成岩地帯を流れているため、川原の石は薄く割れやすい扁平な結晶片岩類がほとんどです。この結晶片岩類にはきれいな緑色や赤色のものがあり、飾る石としていいものが多くあります。

ここでまず探すのは緑色をした緑泥片岩です。薄く割れやすい扁平な形で川原に見られます。この石をよく観察すると、淡

高見川、丹生川上神社前の川原

黄鉄鉱の塊

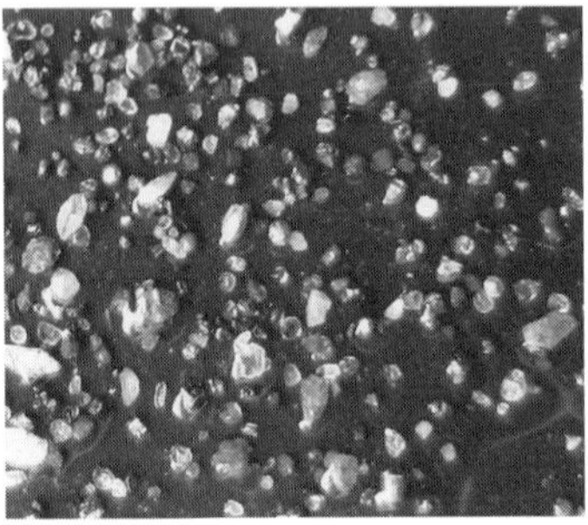

ガーネットのまじった砂粒

い黄緑色の緑簾石や、濃い緑色の緑泥石の細かい粒を観察することができます（口絵50）。また割ってみると自然銅や黄鉄鉱が入っていることもあります。自然銅は赤銅色をした赤茶色の美しい箔状で見られます（口絵51）。黄銅鉱は金色の細かい粒で輝いています（口絵52）。自然銅を含む緑泥片岩は、粘り気があり割れにくいので、それを目安に探すことができます。

次に赤い色をした石を探してください。これも薄く割れた扁平な石です。紅簾石という鉱物が含まれているため赤い色に見えます（口絵53）。特に水にぬらすと赤色があざやかになります。

その他に金属鉱物も見つかります。川原の石で茶色くさびたような表面をして、持つと重たい石があれば割ってみてください。黄鉄鉱、黄銅鉱、閃亜鉛鉱が入っていることがあります。先ほどの自然銅も含めて、このような金属鉱物が見つかるのは、この川の上流約 1 km のところの川のそばに三尾鉱山がかつてあり、そのズリが川原に落ちてきて流されてくるためです。

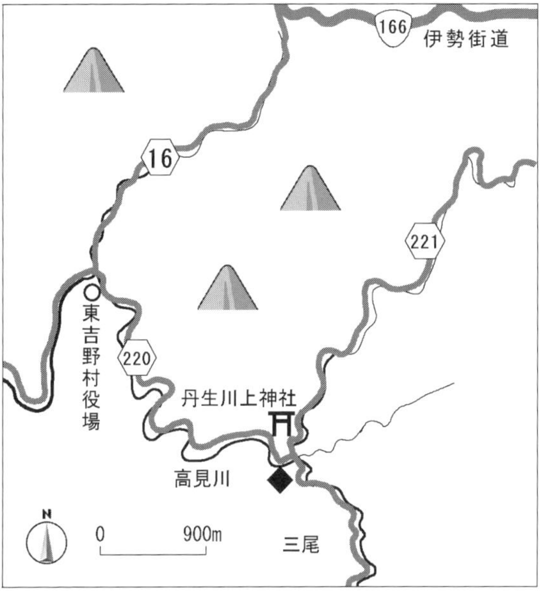

＜この川原で見つかった天然石＞

緑泥岩／緑簾石／自然銅／黄銅鉱／紅簾石／閃亜鉛鉱／ガーネット

＜交通＞近鉄大阪線榛原駅下車。駅前から奈良交通バスで約50分、丹生川上神社前下車すぐ。

＜流域の地質＞

高見川流域はいわゆる広域変成岩が分布する三波川帯と呼ばれる地質地帯を流れています。この変成岩の元は堆積岩がほとんどで、約1億年前にプレートの沈み込みで引きずり込まれた堆積岩が高い圧力によって変成を受けてできたものです。多く見られる緑泥片岩の元は砂岩や泥岩でした。この変成作用のときにいろいろな鉱物もできました。前述の三尾鉱山もその時にできた層状含銅硫化鉄鉱床の銅などを採掘していた鉱山です。この鉱山は1951年（昭和26年）から閉山する1967年（昭和42年）までに銅2.2%を含む鉱石を採掘しています。

四国の別子銅山でもこの鉱山と同じようにしてできた鉱物を採掘していました。

宝石コラム　6

子どものほうがいい鉱物を見つけるのは

大人と子どもで鉱物探しをしていると、子どものほうがいい鉱物を見つけることがよくあります。

子どもは大人と違って目がいいのかと思うくらいです。おそらく、身長の違いが関係しているのかもしれません。子どもは、大人と比べて背が低い分、目と地面の距離が近くなり、小さなものでもよく見ることができるのでしょう。

また、大人と違って、子どもは欲を出さず、素直に喜ぶことができるのではないでしょうか。大人はどうしても、より大きいものや形のいいもの、などといった心で探してしまいがちになって、小さな違いに気がつかないのでしょう。でも子どもは、少しの違いでも、何なのだろうと手にとって、見ようとします。そこが、大人と子どもの違いかもしれません

奈良

宇陀川（宇陀市室生大野）

ガーネット、高温水晶ほか

宇陀川は奈良県東部の宇陀市から県境を越えて三重県名張市に流れ、名張付近で青蓮寺川と合流し名張川となります。室生大野付近で室生川が宇陀川へ合流してきます。この合流地点の川原へは室生寺口の交差点横の橋の袂から下りることができます。

ここから室生川上流地域は大部分が室生火山岩で占められています。また宇陀川はこの上流では花こう岩や片麻岩の地域を流れてきます。そのため川原の石もほとんどが安山岩や流紋岩と呼ばれる火山岩と花こう岩や片麻岩です。

宇陀川、大野寺付近の川原

パンを使って椀掛け（パンニング）をしている

約 5 mm の大粒ガーネット

砂から取り出したガーネット（2～3 mm）

石英片

この安山岩の中にたくさんのガーネットが含まれています。また、ここのガーネットは赤色が鮮やかで透明感のあるきれいなガーネットで粒も平均２～３mmあり時々５mmを超えるようなものが見つかります。川原にある石を見ていくと表面に赤い粒々があるものが見つかります。この赤い粒がガーネットです。また白い色をした花こう岩や片麻岩にも赤い色をしたガーネットが点々と入っています。

石に含まれるガーネット以外にここでは砂の中からもガーネットを探すことができます。砂金を探すための道具であるパンを使って探してみましょう。川原の砂がたまっているところを探して、左頁上の写真のように椀掛けという方法で余分な砂や小石を川の中で流し、そこにたまった砂だけにしていくと、赤いガーネットが点々と現れてきます（口絵54）。さらに水の中でゆすって砂を流しガーネットのみになるようにします（左頁写真中段）。ガーネットは比重が砂よりも少し大きいので底のほうにいつも残ります。ここのガーネットは鉄礬《てつばん》ざくろ石と呼ばれるものです。

このほか火山岩の中に透明なきらきら光る鉱物が点々と入っている石があります。この透明な鉱物はそろばん玉のような形をしていることがあります。これは高温水晶と呼ばれる鉱物です。この鉱物も砂の中できらきらした透明なガラスのような高温水晶片として見つけることができます（左頁写真下）。また、正八面体をしたジルコンや、砂の中の底のほうに集まっている小さい黒い粒は磁鉄鉱です。磁石をもっていくと引っ付いてきます。

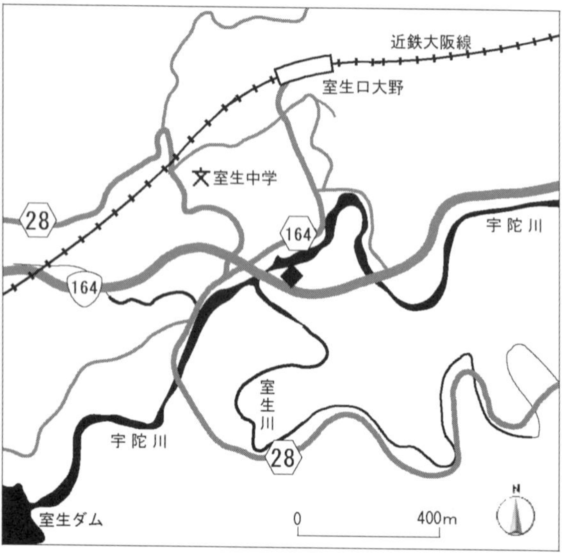

＜この川原で見つかった天然石＞

ガーネット／高温水晶／ジルコン

＜交通＞近鉄大阪線室生口大野駅下車。徒歩15分。

＜流域の地質＞

室生大野周辺から上流にかけての地質は、一部約１億年前の領家変成岩の地帯がありますが、大部分が室生火山岩と呼ばれる今から約1500万年前の火山活動でできたものです。前述にはこの火山岩は安山岩と書きましたが詳しく言うと安山岩質の溶結凝灰岩です。溶結凝灰岩は火山の爆発のとき火砕流が山の斜面を下るのを映像で見た人もあると思いますが、この火砕流と溶岩などが一緒に堆積して冷え固まったものです。この中にガーネットを含んでいます。

滋賀

瀬田川（大津市大石東町）

菫青石

鹿跳橋《ししとびばし》の東の袂から瀬田川の川原に下りる道があります。瀬田川は琵琶湖から流れ出し、京都府に入ると宇治川となります。鹿跳橋付近は南郷洗堰の約 3 km 南で川幅が特に狭くなっているところです。この狭くなる原因がホルンフェルスという硬い岩石がこの付近に分布しているためです。硬いために侵食が進みにくかったのでしょう。このホルンフェルスは砂岩や泥岩などの堆積岩がマグマの熱で変成を受け真っ黒の硬い石になったものです。この変成作用の過程でできた鉱物が菫青石です。ここの川原ではこの菫青石を観察することができます。

瀬田川、鹿跳橋付近の川原

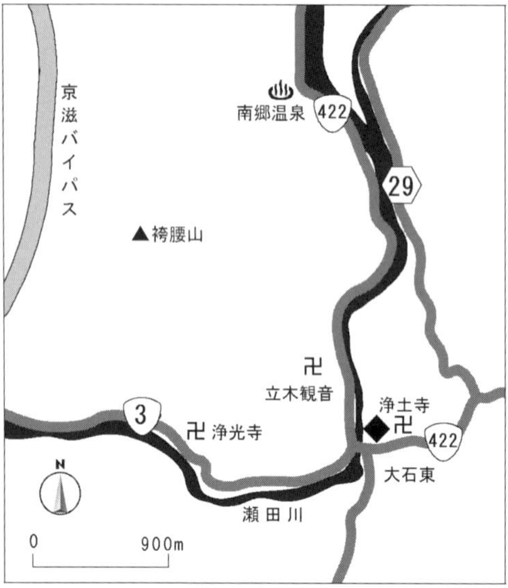

川原には黒い岩と白い岩が露出しています。白い岩はマグマが固まった花こう岩です。このマグマの熱の影響で黒い岩になったものが、ここのホルンフェルスです。この黒い石の中に時々淡い黄緑色（または白色）で光る部分が点々と見られる石があります。この斑点が菫青石です。

菫青石の菫は紫色、青は青色で、見る方向によって紫に見えたり青に見えたりすることからこのような名前がつけられています。しかし瀬田川で見ることのできる菫青石は風化が進んでいるため白雲母に変質している場合が多いです。それでも石の中のものは少し色が残っているものがあります。

菫青石は京都では大文字山、亀岡市桜天神付近、和束町でも見ることができます。特に亀岡市のものは桜の花のように見えることから桜石といわれ天然記念物に指定されています。

口絵56はカニの足に見えることから「カニ真黒」、口絵57はなしのように点々になっているので「ナシ真黒」と瀬田川銘石に上げられています。

＜この川原で見つかった天然石＞
ホルンフェルス中の菫青石

＜交通＞JR 石山駅からバス大石東６丁目下車すぐ。

＜流域の地質＞

鹿跳橋付近一帯は約２億年前の堆積岩（砂岩、泥岩、チャートなど）が分布しています。またその堆積岩の中に約１億年前にマグマが入り込んできて周囲に熱の変成作用を与えました。そのためもともとあった堆積岩は熱でホルンフェルスという黒い硬い石に変化しました。このときにこのホルンフェルスの中に菫青石が生まれました。

上流には紫式部が源氏物語を書いたところとして有名な石山寺がありますが、このお寺の中の石は石灰岩がマグマの熱で変化した珪灰石や大理石が見られます。

宝石コラム　7

小学校の教科書の中の石

身の回りにはたくさんの石があります。「石」という漢字は、小学校の１年生で学習します。３年生からはじまる理科の中で「石」そのものの学習は５年生からはじまります。

小学校の理科の教科書を見てみると、５年生で川原にある石について学習をします。川の上流と下流では川原の石の大きさや形に違いがあることを観察して学びます。６年生では、地層の学習の中で、泥でできた泥岩、砂でできた砂岩、礫が含まれている礫岩を学びます。

身の周りには、泥岩や砂岩、礫岩といった石のほかに、火山の活動によってできた石もあります。火山の活動によってできる石の学習は、中学校の教科書に出てきます。

和歌山

紀ノ川（橋本市橋本）

ガーネット、紅簾片岩、緑泥片岩ほか

紀ノ川は奈良県では吉野川、和歌山県に入ると紀ノ川と名前を変えます。南海高野線の橋本駅近くで川原に出ると小石がたくさん広がっています。その小石の中から鉱物を探してみましょう。上流の奈良県下市付近の吉野川の川原でも同じような石が見られます。

まずガーネットを探してみましょう。白っぽい石の中に小さな赤い点としてガーネットが入っています。時々密集しているものもあります（次頁上段の写真）。この石は花こう岩や片麻岩と呼ばれる石で黒雲母が少ないために白っぽく見えます。この

紀ノ川、橋本付近の川原

1mmの小粒ガーネット（上）とガーネットの集まり（3mm）

石に赤い点としてガーネットが見られます。

次にチャートを探しましょう。チャートはいろいろな色がありますが、天然石としてきれいなものは赤と緑です。赤はレッドチャート（口絵58)、緑はグリーンチャートです。その他茶色、白色、灰色、黒っぽいものなどいろいろありますが、いずれも緻密で硬い石です。そのため川の流れで表面が磨かれるとつやつやした見掛けになっています。

また、結晶片岩が分布する地域をこの川が流れているために、いろいろな種類の結晶片岩の小石が見られます。その中で天然石としてきれいなものは、赤い色をした紅廉片岩（口絵59）と緑色をした緑泥片岩（口絵60）です。赤は紅廉石、緑は緑泥石を含むためにそのような色になります。

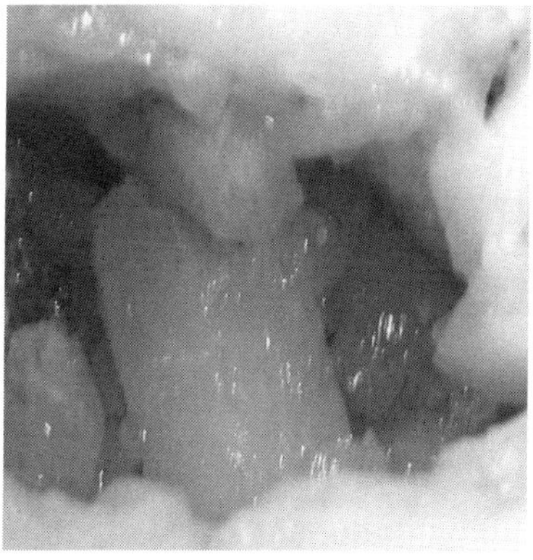

水晶

また、黒い重たい石があ

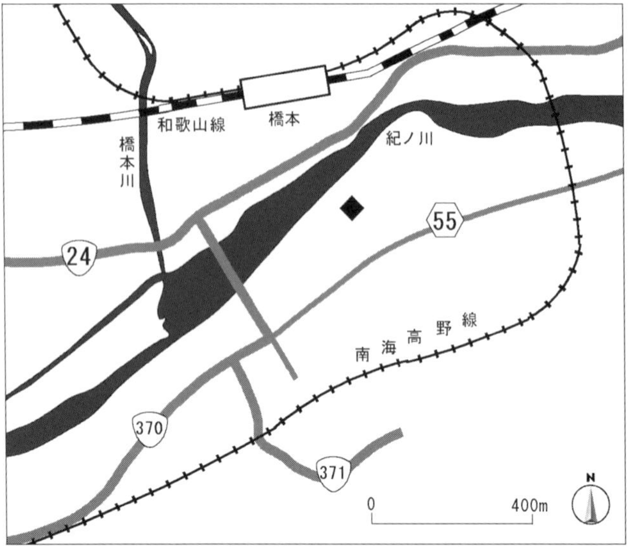

れば割ってみてください、鉱石（金属鉱物を含む石）であることがあります。口絵61はそのような石を割ったときに見つかった斑銅鉱です。

白い色をした石英のくぼみをのぞくと水晶が見つかることがあります（前頁下の写真）。六角形の柱状をした白または透明な結晶です。

＜この川原で見つかった天然石＞

ガーネット／レッドチャート／紅廉片岩／緑泥片岩／斑銅鉱／水晶

＜交通＞南海高野線・JR 和歌山線橋本駅下車。徒歩15分。

＜流域の地質＞

紀ノ川は中央構造線と呼ばれる大断層に沿って流れていま

す。流域に分布する岩石は、約1億年前に変成作用があった結晶片岩類や、約2億年前の砂岩、泥岩やチャートなどの堆積岩と約1億年前の砂岩や泥岩などの堆積岩、約8千万年前の花こう岩などです。

また、結晶片岩地帯は中央構造線の南側に東西に分布していますが、その中に飯盛鉱山など多くの鉱山がかつてありました。現在はすべて閉山していますが、金属資源を採掘していました。そのため、この川にもそれらから流れ出してきた鉱物が含まれます。

宝石コラム　8

干支と宝石

日本に昔から伝わる十二支の守護神として天然石を守護石にするようになってきた風習があります。次にあげる天然石は一例で、特に決まっているようなものではないようです。

●干支と守護石の関係

干支	宝石
子	コハク・トパーズ・ピンクジャスパー
丑	真珠・ムーンストーン
寅	ダイヤモンド・タイガーアイ・キャッツアイ
卯	ヒスイ・エメラルド・アベンチュリン
辰	カーネリアン・ガーネット・メノウ
巳	黒真珠・オニックス（オニキス）・ヘマタイト
午	サードオニキス・ルビー
未	紅サンゴ・インカローズ
申	クリスタル（水晶）・オパール
酉	シトリン（黄水晶）・トパーズ・イエローアゲート
戌	ラピスラズリ・サファイア
亥	紅ヒスイ・ルビー・ローズクォーツ

和歌山

有田川（有田川町藤並）

レッドチャート、縞状チャートほか

有田川は高野山付近に源を発し、紀伊水道に流れ込んでいます。JR 紀勢線藤並駅から北へ1.5km ほど行くと川に出ます。広い川原には10cm 大の石ころがたくさん転がっています。

目に付く石として、赤い色をした石をまず探してみましょう。２種類あります。１つはレッドチャートと呼ばれる緻密で硬い石で（口絵62）、深海底で放散虫の遺骸が堆積してできた石です。約２億年前のものです。表面が磨かれてつるつるしています。もう１つは淡い赤色をした石で表面が細かにきらきらしています。紅簾片岩と呼ばれる石です（口絵63）。赤い色は

有田川、藤並付近の川原

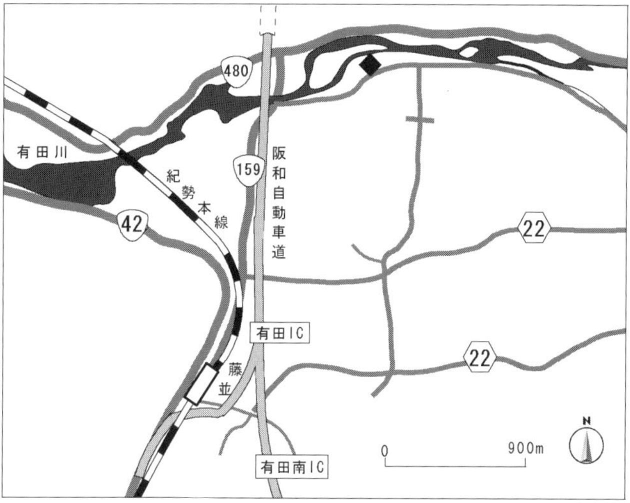

紅簾石の細かい結晶が含まれているためです。結晶片岩の一種で約１億年前に堆積岩が高圧の変成作用を受けてできた石です。そのため薄く割れやすく、平たい石になっています。

次に緑の石を探しましょう。形は細長くなっていたり薄くなっていたりします。緑泥片岩と呼ばれ、緑泥石を含んでいるため緑色をしています（口絵64）。水にぬらすと緑色が際立ちます。水石や盆石の世界では緑や赤の石が珍重されます。多くの石は灰色をしていて石の色としては少ないからでもあります。また緑泥石の小さな結晶が見つかることもあります（口絵65）。

このほか細かい褶曲のような曲がりくねった細かい層の積み重なった面白い模様の石があります。これは縞状チャートと呼ばれる硬い石です（口絵66）。これもレッドチャートと同じように深海底で放散虫の遺骸が堆積してできた石です。縞になっているのは間に薄い泥岩が挟まっているためです。

白い石は石英の塊です。表面にくぼみがあれば中をのぞいてみましょう。水晶ができていることがあります（口絵67）。

この川原の石の大部分は砂岩です。灰色をした表面が少しざらっとした感じの石です。大きいものや小さいものまでいろいろありますが、形は球形や楕円体状のものが大部分です。

＜この川原で見つかった天然石＞

レッドチャート／紅簾片岩／緑泥片岩／緑泥石／縞状チャート／水晶

＜交通＞JR 紀勢線藤並駅下車。徒歩20分。

＜流域の地質＞

有田川の上流地域は広く四万十層群と呼ばれる約１億年前の中生代白亜紀の砂岩や泥岩が中心の堆積岩で覆われています。中流域では三波川帯と呼ばれる約１億年前の広域変成岩帯を流れてきます。さらに下流では約２億年前の古生代の堆積岩地帯を一部流れたりしています。流域全体としては堆積岩地域が多いため川原の石も砂岩や泥岩、チャートが多く転がっています。

和歌山

日高川（御坊市・美浜町煙樹浜）

五色石

日高川は紀ノ川、有田川についで和歌山県では３番目に長い川です。源流は護摩壇山の1300m付近から流れ出し、蛇行しながら約130kmを流れ紀伊水道に流れ込みます。上流は堆積岩地域で砂岩や泥岩が広く分布しています。その地域を流れてくるため川原の石はほとんどが砂岩です。

西御坊駅から西へ約１km歩くと、日高川が海に流れ込む河口付近に出ます。河口から北西方向に約５kmも続く長い浜が広がっています。その浜は砂ではなく小石がびっしり敷きつめられたようにたまっています。そのほとんどが約１億年前の砂岩という石でできています。そのため浜の色は砂岩の灰色一色

日高川河口、煙樹浜

に広がっています。大きさも10cmくらいより小さなものばかりで、大きさも場所によって異なり、同じような大きさの石がそろって集まっています。また形もきれいに研磨された楕円形になっています（口絵68、次頁写真）。

このほかに大きさが小さく１～２cmくらいで色がついた石が時々見つかります。表面がよく研磨されつやつやしていてきれいな石です。これはチャートと呼ばれる珪質の硬い石です。色は赤、緑、茶、黒、灰色、白などいろいろな色があることから五色石と呼べるでしょう（口絵69）。チャートは約２億年前に深海底で放散虫の遺骸が堆積してできたもので、プレートに乗って日本にやってきたものです。いろいろな色のチャートを集めてみましょう。ガラスの器に入れて水をそそぐと表面が一段と輝いて見えます。

形のきれいなものを集めるのもいいでしょう。扁平な円形や楕円形、厚みのある球形や楕円体でそろえてみるのも面白いです。その石にいろいろな絵を描くのもいいでしょう。描いた後は透明ラッカーを吹きつけておくときれいに保存ができます。

＜この浜で見つかった天然石＞

チャート

＜交通＞紀州鉄道西御坊駅下車。徒歩15分。

＜流域の地質＞

日高川の流域は約１億年前の四万十層群と呼ばれる堆積岩地域です。礫岩、砂岩や泥岩で構成されています。そのため川原や河口の海岸の石はほとんどが砂岩です。泥岩は壊れやすいため川で運搬される間に小さくなってほとんど河口付近では残っ

約 3 cm～1 cm の砂岩

波打ち際もほとんど
が砂岩の小石

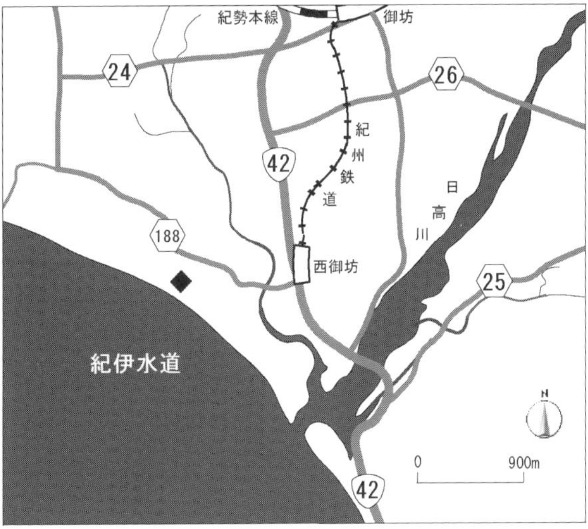

ていません。また礫岩の含まれている礫が外れていき、その中でチャートは硬いため残って川で研磨されながら河口まで運ばれていきます。硬いチャートが小さく、それよりやわらかい砂岩のほうが大きいのはもともと礫岩の中に入っていた小さなチャートだったためです。チャートはこのように硬いため何度も地層の中に含まれては外れて、次の地層に含まれたりを繰り返しています。

宝石コラム　9

宝石の単位カラット「ct」「car」のいわれ

ダイヤモンドの大きさを表す単位としてよく耳にしますが、宝石の質量を表す単位として世界共通で使われている単位のことです。現在は1カラット＝200mg（0.2g）が基準となっています。

アラビア語のquirrat（和名デイゴ）、ギリシア語のkeration（和名イナゴマメ）が語源とされています。これらの植物の実の重さがほぼ同じであって宝石の重さを表す単位として用いたことが始まりのようです。

その後、イギリスでグレーンという単位を使って宝石の取引が行われていました。イギリスが1877年に「英カラット」として1カラット＝205mgを世界の標準単位として発表します。その後紆余曲折を経て1907年現在の1カラット＝200mgが世界の宝石の質量を表す単位となっていきます。

金はK18やK24といった表記が金製品に刻印されています。Kもカラットを示していますが、純度を表します。K24は純度100%を示しています。

日本が昔から使っている重さの単位に「匁《もんめ》」があります。真珠の重さを示す単位としてこの「匁」を使っています。これは、御木本幸吉が真珠養殖に成功したことに由来するとされています。

三重

服部川（伊賀市大山田）

トルマリン、ガーネット

三重県の西部の伊賀市を東西に流れる服部川は鈴鹿山地に源を発し、伊賀盆地で木津川に合流しています。その中流域に当たる大山田付近の川原にはその上流に分布する片麻岩や花こう岩などの中を流れてきた丸い石がたくさん転がっています。

片麻岩はもとは堆積岩でしたがマグマの熱や圧力で変成を受けてできた石で、黒雲母が線状に並んで白黒の縞模様に見えるのが特徴です。このとき影響を与えたマグマが冷え固まったものが花こう岩です。この辺りはその境目付近に当たるため、片麻岩と花こう岩の接触部が見られる石も多くあります。

特にその接触部の花こう岩側にトルマリン（電気石）が見ら

服部川、大山田付近の川原

ガーネット（長さ7～8 mm）

ガーネット（1つの大きさ約3 mm）

れることがあります。黒い柱状の結晶で、長さが3～4 cmくらいのものが見つかります（口絵70）。トルマリンは、黒、褐色、緑、青、黄色、赤から無色までいろいろな色を持つ鉱物です。これは、鉄、マグネシウム、アルカリなどの成分がいろいろな割合で含まれ、結晶を形づくっているのが原因の1つです。美しい結晶は宝石とされ、中でも緑色のトルマリンはブラジルエメラルドと呼ばれるものもあります。大山田のトルマリンは鉄電気石と呼ばれる黒いトルマリンです。白っぽい石を探してみてください。

トルマリンはセイロン語でジルコンを示すものでした。この石を1703年にオランダの商人が持ち帰るときに、擦ったり熱したりすると電気（摩擦電気）を生じることを発見しました。電

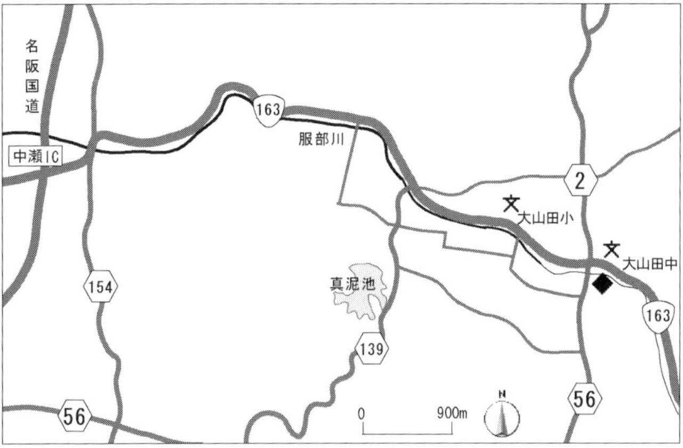

気石の名はこのことに由来するものです。電気石は複雑な化学組成を持つため、比重（3.0〜3.3）や色など種類によって大きく変化します。これらは主な成分によってマグネシウム電気石、鉄電気石、アルカリ電気石の3つに区分されています。実際にはこの3種類が交じり合っている岩石に含まれています。宝石的な価値を持つものはアルカリ電気石です。

ここの花こう岩にはガーネット（ザクロ石）が点々と入っていることがあります。大きさは1〜3mmくらいですが、きれいな赤色をしています。このガーネットは鉄礬ザクロ石と呼ばれているものです（口絵71・72）。

またこの川原には灰色の粘土の塊のようなものが転がっています。この中には約400万年前の巻貝などの化石が含まれています（口絵73）。

<この川原で見つかった天然石>

トルマリン／ガーネット

＜交通＞伊賀鉄道上野市駅下車、三重交通バス大山田支所前下車。徒歩5分。

＜流域の地質＞

大山田地区からその南の青山町にかけては、領家変成帯と呼ばれる地質体に属します。この変成帯は約2億年前の堆積岩が地下深いところで熱や圧力の変成を受けてできた片麻岩が分布します。さらにこの片麻岩はその後の約1億年前に上昇してきたマグマの熱での変成を受けるなどしたため、複雑な地質構造をした地域になりました。上昇してきたマグマは花こう岩やペグマタイト（花こう岩の構成鉱物の粒が大きいもの）になりました。その時にガーネットやトルマリンができました。

宝石コラム　10

黄道12星座を司る守護石（星座石）

星座	誕生日	守護石となる宝石
牡羊座	3／21～4／20	ダイヤモンド・ブラッドストーン
牡牛座	4／21～5／21	サファイア
双子座	5／22～6／21	ヒスイ・エメラルド・ベリル
かに座	6／22～7／22	真珠・メノウ
獅子座	7／23～8／22	ルビー・コハク
乙女座	8／23～9／23	サードオニキス
天秤座	9／24～10／23	クリサライト・カーネリアン
蠍座	10／24～11／22	オパール・ブラッドストーン
射手座	11／23～12／21	トパーズ・ガーネット
山羊座	12／22～1／20	トルコ石・ジェット（黒玉）
水瓶座	1／21～2／18	アメジスト・サファイア
魚座	2／19～3／20	アクアマリン・ブラッドストーン

2章　街の宝石を探してみよう

街の中にも宝石があります。もちろん宝石店ではありません。私たちが普通に歩いているところにあるのです。それはいろいろな建物の壁や床に使われている石材の中に含まれるさまざまな鉱物です。その鉱物の中に宝石と呼ばれるものがあります。主に見つかるのはガーネットです。

いずれも建造物ですので傷をつけないように見てください。

◎大阪駅北口（口絵74）

新しくできた大阪駅の北口には伊勢丹の入っているビルやルクアと名前がつけられたビルがありますが、これらのビルの壁面にはブラジル産の片麻岩が使われていて、この中に濃い赤色をしたガーネットがたくさん含まれています。多くは1cmくらいですが中には大きなものも見られます。

◎大阪歴史博物館

大阪城の近くには大阪歴史博物館があります。この建物と隣のNHK大阪放送局は一体となった建物で、その壁面には片麻岩という石が使われています。その片麻岩の中にはたくさんのきれいな赤色をしたガーネットが入っています。また建物前の床に敷き詰められている石は、カリ長石の大きな結晶がたくさん入った花こう岩が使われています（口絵76）。このカリ長石

歴史博物館の壁には片麻岩が使われている。この中にガーネットがたくさん見られる（下左）。下右は歴史博物館の床の面に見られるカリ長石。結晶のへき開面が光っている

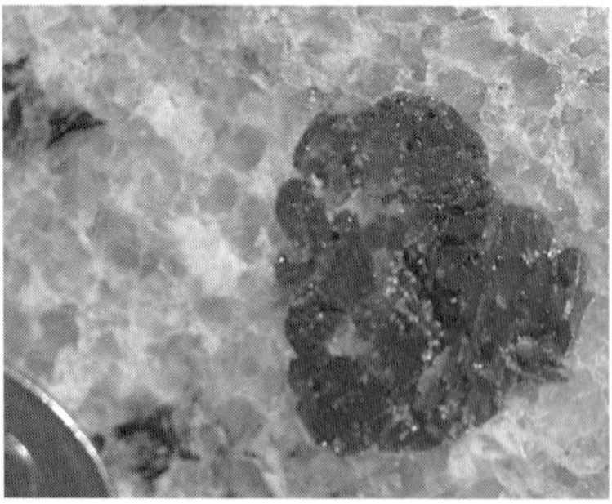

は長さ数 cm 近くもあるものもあり、また表面が光で反射してきらきら輝いています。これは長石がもっている割れやすい面（へき開面）が出ていてそこが光を反射して輝くのです。ブラジル産で５億年以上も前の古い石です。

◎ヨドバシカメラ大阪駅前店（口絵75）

大阪駅の北側にあるヨドバシカメラのビルの１階の柱を見てください。柱に使われている石はインド産の片麻岩と呼ばれる石です。その表面にはきれいなガーネットがたくさん含まれています。大きさは５mm から10mm くらいですが、赤の色が鮮やかできれいなものが多いです。

◎大阪市立科学館

中之島にある大阪市立科学館の前庭の床一面に敷き詰められている石はメキシコ産の片麻岩と呼ばれる石です。この中にもたくさんのガーネットが入っています（口絵77）。黒い点々に見えるものがそれです。ここのガーネットは黒っぽい赤色が特徴です。

◎京都駅八条口（南口）（口絵78）

JR 京都駅で八条口の方に出ると白い柱が並んでいるのが見えます。この柱をよく見ると白い中に赤い斑点が見えます。この赤い斑点がガーネットです。きれいな赤色が白いバックの石に浮き上がって見えます。この石はブラジル産の大理石で石灰岩が熱の変成作用を受けてできたものでその変成作用の過程でガーネットが生まれました。

◎三宮（神戸）地下街

JR 三ノ宮駅から地下へ階段を下ると地下街が広がっています。その床を見ると口絵79のようないろいろな石を組み合わせたモザイク模様が目に付きます。その中に縞瑪瑙《めのう》が使われています（口絵80）。またその近くの床には口絵81のように淡い水色できらきら光る石が目に付きます。これは閃長岩と呼ばれる石です。アルカリ長石が閃光しきれいに輝きます（口絵82）。

◎天然石（鉱物）を見ることができる博物館などの施設

＜大阪府＞

大阪市立自然史博物館

〒546-0034　大阪市東住吉区長居公園1-23　☎06-6697-6221

大阪市立科学館

〒530-0005　大阪市北区中之島4-2-1　☎06-6444-5656

きしわだ自然資料館

〒596-0072　岸和田市堺町6-5　☎072-423-8100

貝塚市立自然遊学館

〒597-0091　貝塚市二色3-26-1　☎072-431-8457

＜京都府＞

益富地学会館

〒602-8012　京都市上京区出水通り烏丸西入ル　☎075-441-3280

京都大学総合博物館

〒606-8501　京都市左京区吉田本町　☎075-753-3272

＜兵庫県＞

生野鉱物館

〒679-3324　朝来市生野町小野33-5　☎079-679-2010

多田銀銅山・悠久の館

〒666-0256　川辺郡猪名川町銀山字長家前４番地の１　☎072-766-4800

兵庫県立人と自然の博物館

〒669-1546　三田市弥生が丘６丁目　☎079-559-2001

玄武洞ミュージアム

〒668-0801　豊岡市赤石1362　☎0796-23-3821

＜滋賀県＞

滋賀県立琵琶湖博物館

〒525-0001　草津市下物町1091　☎077-568-4811

多賀町立博物館

〒522-0314　犬上郡多賀町大字四手976-2　☎0749-48-2077

＜和歌山県＞

和歌山県立自然博物館

〒642-0001　海南市船尾370-1　☎073-483-1777

＜奈良県＞

二上山博物館

〒639-0243　香芝市藤山１-17-17　☎0745-77-1700

3章　探し方まとめ方

天然石探しに出かける前に事前にいろいろ調べてみることが大切です。また、帰ってきたらすぐに石やメモを整理しましょう。

◆天然石が出てくる川は？

近畿地方にはたくさんの河川があります。大きな河川（流域面積が広い）ほど多くの種類の岩石地帯を流れてきます。そのような河川に狙いをつけて出かけてみましょう。それは次頁の地図にあるような近畿地方にある一級河川（国が管理する川）が適地です。

次にその川で適度な大きさの小石が多く見られる場所を探します。川は上流ほど堆積している石ころが大きく下流へ行くほど小さくなります（70頁の写真参照）。河口近くになると砂ばかりになります。またあまり上流では大きすぎる岩がごろごろしているので適しません。5 cm～10cm くらいの直径の石が多く転がっている中流付近が適当でしょう。

また、川の曲がり具合から見ると、川が曲流している内側に石がよくたまっています。地図やインターネットの地図などからこのような場所を探して、あらかじめ調べておくことが必要です。インターネットの Yahoo の地図検索では地図と航空写

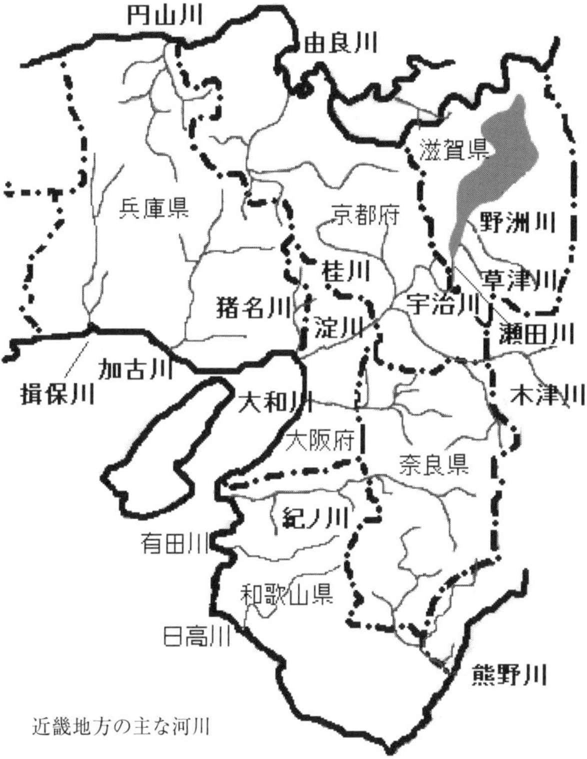

近畿地方の主な河川

真が切り替わります。これを使って適当な場所を探します。Google Map でも航空写真でその場所を確認できるほか現地の地上写真を見ることができる場合もあります。

次頁の写真は木津川の中流域から下流にかけての 3 カ所の地点の様子です。いずれの場所も天然石を探すことが可能ですが、上段の写真では石の大きさが 5 cm～10cm くらいあり見やすい大きさです。しかし下段の写真のような 3 cm くらい以下の大きさのほうが装飾品などに加工するときには手ごろです。

木津川川原とその石（上から下へ上流から下流、加茂、井手、八幡）

◆石の種類を調べる

石は大きく分けると火成岩、堆積岩、変成岩の３種類です。日本ではその割合は火成岩が約40％、堆積岩56％、変成岩４％です。この中で天然石（鉱物）を探す場合は、大部分が火成岩と変成岩です。鉱物が集まったものが岩石ですので、まず岩石の基本的なことを知っておきましょう。

（1）火成岩

マグマが冷え固まってできた石です。火成岩は、さらに、マグマが地表に噴出したか、急に冷えて固まってできた火山岩と地下の深いところでてゆっくりと冷え固まってできた深成岩に分けます（図２）。

深成岩は斑れい岩、閃緑岩、花こう岩に分けられ、火山岩は玄武岩、安山岩、流紋岩に分けられます。それぞれの岩石に含まれる鉱物は図２のようになり、その割合によって、見た目の

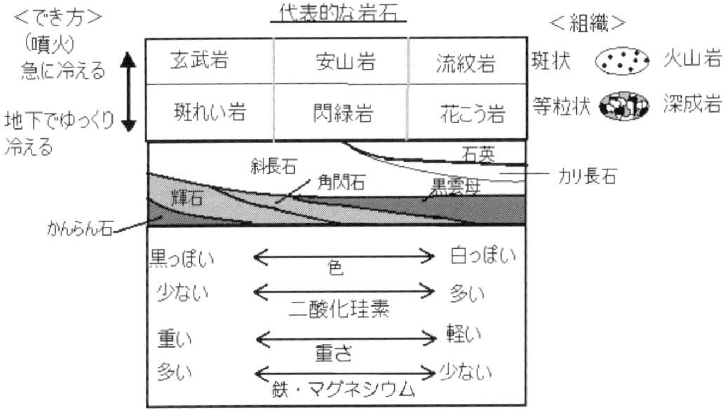

図２　火成岩の分類と各岩石の特徴など

色や重さなどが異なってきます。この表を持っていると岩石を見分けるときに便利です。また、鉱物を判定するときにも参考になります。

（2）堆積岩

岩石は雨や風や植物の力によって、砕かれます。砕かれた石ころは流水の力で、湖や海に運ばれて湖底や海底にたまって地層をつくります。このようにしてできた岩石が堆積岩です。

◎岩くずが堆積してできる石（礫岩、砂岩、泥岩）

◎生物の遺骸が堆積してできる石（チャート、石灰岩）

（3）変成岩

すでに存在している岩石が熱や圧力などの作用を受け、岩石をつくっている鉱物の組み合わせや、岩石そのものの組織が変化することがあります。そのような過程（変成作用）でできた岩石が変成岩です。

変成岩は2つに分けられます。主に大きな圧力によってできた広域変成岩と、主にマグマの熱によって変化した接触変成岩です。変成作用の過程でいろいろな鉱物ができるため、天然石探しにも適当な岩石です。

広域変成岩（結晶片岩、片麻岩）は細かい褶曲をした縞状の構造をしています。接触変成岩（ホルンフェルス、大理石）では、ホルンフェルスは硬く黒い石になっていますし、大理石は方解石の細かい結晶の集まりですから比較的軟らかく、色は墨を流したような流れ模様になったり白や灰色の無地であったりします。

◆石に含まれる鉱物

川の中流付近の川原には石が転がっています。小石や石や岩は鉱物が集まってできています。このような中から鉱物を探す場合、どのような石にはどのような鉱物が含まれているかを知ることが大切です。鉱物が含まれていることがよくわかるものは火成岩や変成岩です。

(1) 火成岩に含まれる鉱物

71頁の図2のように火成岩に含まれる無色鉱物は、石英、長石、白雲母です。有色鉱物は、カンラン石、角閃石、輝石、黒雲母です。これらの鉱物は造岩鉱物と呼ばれ、火成岩はこの7つの鉱物の組み合わせでできています。例えば、花こう岩は図3のように石英､長石､黒雲母で作られています。

また石英成分は、脈状に岩石の割れ目などに入って結晶した場合には水晶と呼ばれるきれいな鉱物になったりします。

ほとんどはこの7つのどれかでできていますが、わずかですが、これら以外の鉱物を含むことがあります。金､銀､銅､鉄や鉛の金属鉱物、ガーネットなどの非金属鉱物などです。

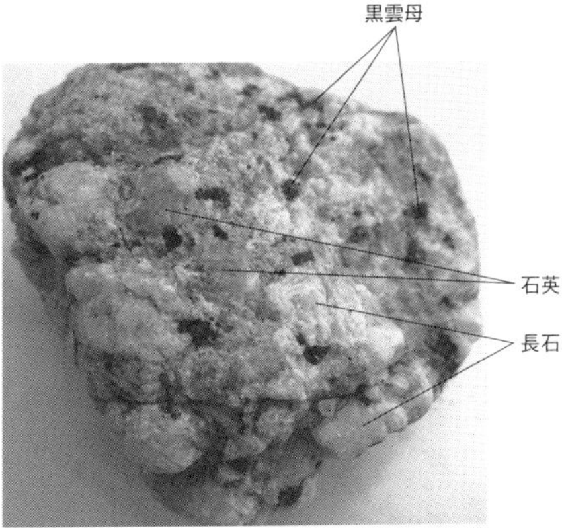

図3　花こう岩を作る黒雲母、石英、長石

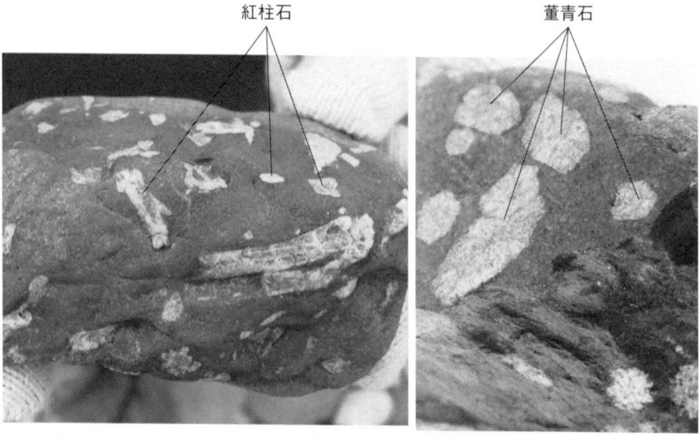

図４　ホルンフェルスに含まれる紅柱石（左）と菫青石（右）

（２）変成岩に含まれる鉱物

変成岩は前述のように、もとある岩石が熱や圧力によって変成作用を受けて別な組織に変わりますがその時に、受けた熱や圧力の度合いによっていろいろな鉱物が生まれます（変成鉱物）。

例えば、マグマの熱による変成作用ではホルンフェルスという石ができますが、その時にできる鉱物は、温度によって紅柱石、菫青石、珪線石と呼ばれる鉱物が生まれます（図４）。圧力が中心の変成作用を受けた場合は結晶片岩と呼ばれる岩石になり、紅簾石、緑簾石、緑泥石、黄鉄鉱などいろいろな変成鉱物が生まれます。

（３）堆積岩や堆積物に含まれる鉱物

礫岩、砂岩、泥岩などの堆積岩は岩屑が集まってできているので鉱物が分離して見つかることはまれです。しかし、堆積物として砂の中に、金、ダイヤモンド、ガーネット、ルビー、サファイアなどを含むことがあります。

◆見つかる可能性のある天然石

近畿地方の河川で川原の石の中から天然石を探す場合に、流域にどのような岩石が分布しているかで見つかりそうな石はおよそ推測がつきます。前述したように火成岩と変成岩が分布する地域を流域に持つ河川が最も多くの種類の天然石が見つかる可能性があります。

たとえば以下のような河川ではどのような天然石が見つかる可能性があるかを見てみましょう。いずれも大きさはミリ単位ですが、色がきれいなものがあります（チャートは堆積岩の1種ですが、つやがあり色もいろいろあるため、また、サヌカイトも火山岩ですが音が鳴るなどで珍重されるため、天然石に入れてみました）。

◎加古川——水晶、高温水晶、ガーネット、ペリドット（カンラン石）、メノウ、レッドチャート、グリーンチャート、カルセドニー、砂金、磁鉄鉱、珪化木、黄鉄鉱など

◎木津川——水晶、高温水晶、ガーネット、メノウ、レッドチャート、紅柱石、菫青石、白雲母、黒雲母、トルマリン、石墨、緑柱石など

◎和束川——菫青石、砂金

◎服部川——ガーネット、トルマリン、水晶

◎名張川・宇陀川——ガーネット・高温水晶

◎大和川——水晶、高温水晶、ガーネット、ペリドット、サヌカイトなど

◎桂川——水晶、レッドチャート

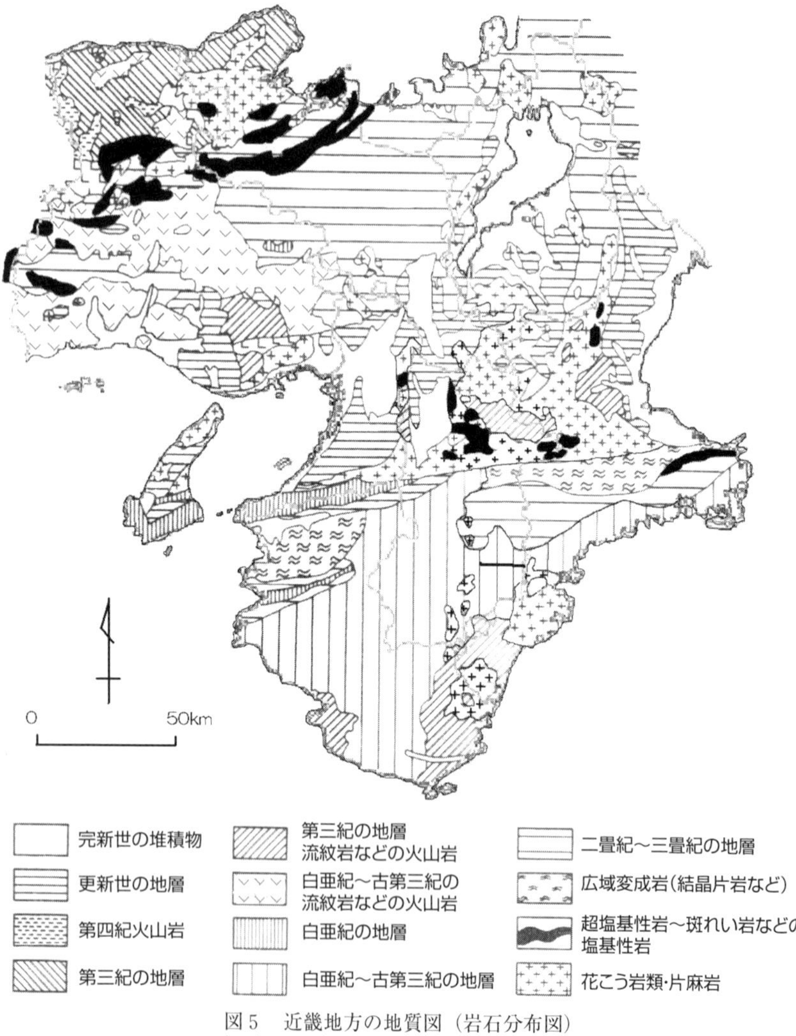

図５　近畿地方の地質図（岩石分布図）
（日本の地質・近畿地方1989を元に編集）

◎紀ノ川・吉野川――ガーネット、紅簾石、緑泥石、黄鉄鉱、
　磁鉄鉱など
◎瀬田川――菫青石

　図5は近畿地方の地質図（岩石分布図）です。
＊地質時代名
古生代（約5億4千万年前～2億5千万年前）
　カンブリア紀、オルドビス紀、シルル紀、デボン紀、石炭
　紀、二畳紀
中生代（約2億5千万年前～6600万年前）
　三畳紀、ジュラ紀、白亜紀
新生代（約6600万年前～現在）
　古第三紀、新第三紀、第四紀

◆持ち物と服装

　天然石を探しに行くときの持ち物と服装は、野外にハイキングや山歩きに出かける時の服装と同じです。持ち物も特別なものはありません。近くのホームセンターなどで購入できるものがほとんどです。
　出かける前に準備するものと服装を説明します。

＜基本的な持ち物＞
◎ハンマー
　専門的なハンマーでなくても、丈夫なものが1000円前後でホームセンターなどに売られています。柄の部分がしっかりした

少し重めのものがよいでしょう。ハンマーは川原の石を割って中に入っている鉱物を調べるときに利用したり、いい形に整形したりするときに使います。

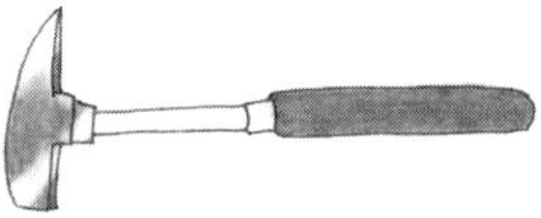

◎ルーペ

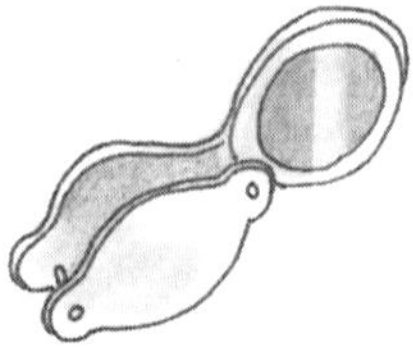

日本で見つかる鉱物は大きなものはなかなかありません。また鉱物の判定をするときにも細部を観察する必要があります。ルーペで見ると肉眼で見るのとはまったく異なり鉱物の魅力に引き込まれます。倍率は10倍程度で十分です。できれば口径の大きいほうが見やすいです。100円ショップで売られているもので使えるものもあります。

◎磁石

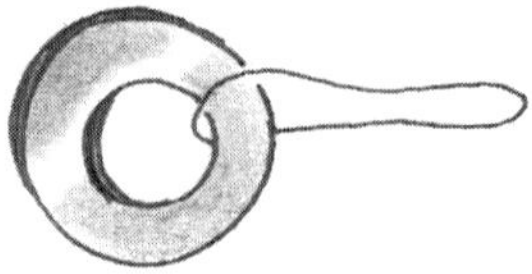

磁性をもっている鉱物がありますので、それを見つけるときに使います。円形のものは紐をつけて野外で使いやすくできます。

◎簡易ゴーグル

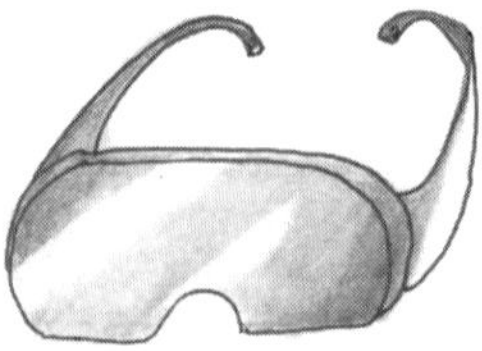

石を割るとき破片が飛ぶことがありますので、目を保護するため使います。これも100円ショップにあるもので十分です。

◎デジタルカメラ

見つけた鉱物を記録したり周りの風景を記録したりします。でき

るだけ石を持ち帰らないようにするためには、カメラに記録するとよいでしょう。次頁で述べるように接写モードで撮影するとルーペで見るような感じで鉱物を記録することができます。

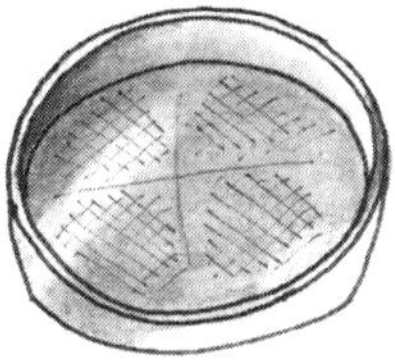

＜その他の持ち物＞

そのほか目的に応じて、小スコップ、ふるい、パン、紫外線ランプ、ビニール製小袋、応急医薬品、地図、メモ帳、鉱物図鑑。

＜服装＞

基本的には山歩きのときの服装と同じです。特別にそろえなければいけないものはありません。そのときの天候や気候に応じた服装をするとよいでしょう。帽子、長袖、長ズボンで、またポケットがたくさんついているベストは便利です。

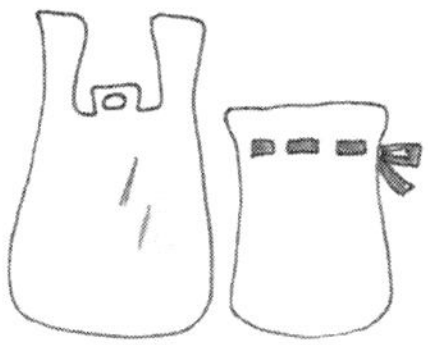

◆デジタルカメラで接写する方法

最近のデジタルカメラや携帯電話のカメラ機能には接写機能を持っているものが多くあります。そこで川原の石に宝石鉱物を見つけた時、採集しないでカメラで撮影して帰りましょう。その方が整理もしやすいし石を置く場所も要りません。また、細かいところまで観察できるなどの利点があります。

＜接写の方法＞

◎携帯電話のカメラ機能やデジタルカメラを利用する

カメラ機能の中で花などを近くで撮影する機能がほとんどのカメラにはついているのでそれを選択する。

①接写機能で撮影する。(下は接写機能ボタン、丸印)

②対象が小さくて、接写機能でも小さくしか写らないときはレンズの前にルーペをおいて撮影する。

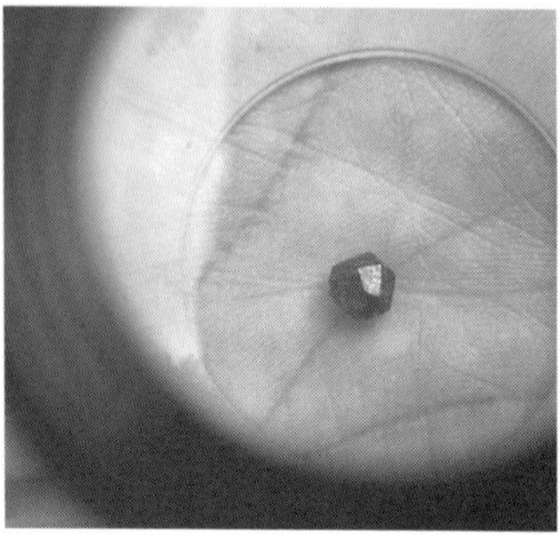

▶ルーペをとおしてデジカメで撮影したガーネット

石のくぼみの水晶（左）を接写でとった

◎接写・望遠鏡用の単眼鏡をデジカメに取り付けて撮影

◎市販の携帯電話用接写レンズを購入する

　機種にあわせて専用のレンズがネットでも購入できます。

◆石の処理と整理

　川原できれいな天然石を見つけて、写真にとったり、それを持ち帰ったときに少し手を加えてより見栄えがよくなるようにきれいに整理してラベルなどをつけておくとよいでしょう。

＜処理の方法＞

　表面についている砂粒などの汚れをまず取ります。水洗いできるものが大部分ですが、ものによっては水に溶けてしまうものもあります。水洗いできないものは掃除機などでごみを取るとよいでしょう。表面に酸化鉄の黒い膜がある場合は還元剤（例えばビタミンC）になるような液につけると取り除くことができます。

　大きさもあまり大きいと場所をとります。おおよそ5cm四方以下の大きさにそろえると整理もしやすいので、ハンマーなどを使ってかどのほうから割っていって、目的の鉱物だけが残るようにします。

＜整理の方法1＞写真で収集する場合

すべて写真で持ち帰る場合は、撮影したときにメモすることが大切です。帰ってから見ると同じような写真があったりしてわからなくなりますので、特徴やその時に気づいたことなどを記録しておくと帰ってから整理するときに役立ちます。

＜整理の方法2＞鉱物を持って帰った場合

◎ラベルを作る

持って帰った石には忘れないうちにラベルをつけておくとよいでしょう。ラベルには鉱物名、採集した場所、年月日、採集者などを書くとよいでしょう。整理番号をつけて写真と対応させておくとさらに便利です。

ラベルの例

◎収納方法

お菓子の箱で間仕切りがしてあるものが便利です。また100円ショップでは次頁の写真のようなケースがあります。小箱が3つ100円で、それを3段重ねたものが2列（合計18個）入る収納かごも100円です。

間仕切りのある菓子箱(260×190×45mm)

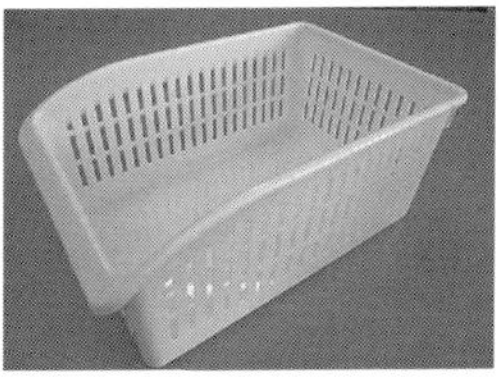

収納かご（275×190×120mm）

小箱３つ（85×85×45mm）

鉱物を収納した場合

◆自由研究にまとめる

川原で天然石を探してそれを基に自由研究をすることができます。いろいろな方法がありますので、ここではそのいくつかの例を示します。保護者の方の参考にしていただければと思います。

＜研究のまとめ方＞

自然科学では研究をまとめる方法にルールがあります。それにしたがってまとめると見る側もわかりやすいものになります。次のような順序でまとめるのがよいでしょう。

1．この研究はどのような疑問やきっかけで取り組み始めたか。何を明らかにしようとして始めたか（目的・仮説）
2．どのような方法で資料（試料）を集めたか（方法）
3．資料を整理するとどのようなことがわかったか（結果）
4．出てきた結果は仮説と一致したか、などを考える。仮説

と異なる結果になれば、なぜそのようになったかを記述する（考察）

最後に参考にした図書などを書く。

＜資料の作り方＞

天然石や鉱物を資料とする場合は実物で収集する方法と、写真で記録して収集する方法があります。

実物の場合の整理方法はできるだけ同じ大きさにそろえるとよいでしょう。水洗いしてから（洗えないものもあります）おおよそ5 cm四方くらい以下の大きさにするとかさばらないし多くの鉱物はこの大きさで判別できるでしょう。整理は82頁のようなお菓子の箱を利用するなど工夫をしてみてください。

また写真で整理する場合は、見つけた石全体を写真にとり、次に目的の鉱物の写真を接写モードで拡大して記録します（80頁参照）。この2枚をセットにして自由研究のノートに貼っていきます。これらの写真を撮るときは大きさがわかる定規を一緒に撮影するか、ノートに写っている標本の大きさも記述してください。

石全体（左）と接写した写真（右）

＜まとめ例1＞

川原の石から宝石が見つかるか？

＊年＊組　＊＊＊＊＊＊

1．疑問

宝石や天然石と呼ばれるような鉱物が近くの川原の石の中にあるだろうか？　実際に川原に行って探してみようと思った。

2．方法

近くに木津川が流れていて広い川原があるのでそこに行って石を調べることにした。ハンマー、ルーペ、鉱物図鑑を持って家族で出かけた。

八幡付近、木津川の川原

3．資料を集める

川原で見つけた鉱物は写真（次頁）のようにデジタルカメラで撮影したものである。

＜以下省略＞

4．まとめ

川原でいろいろな石を探すと意外にもガーネット、水晶、メノウなどの宝石として扱われる鉱物が見つかった。しかし大きさは小さい。

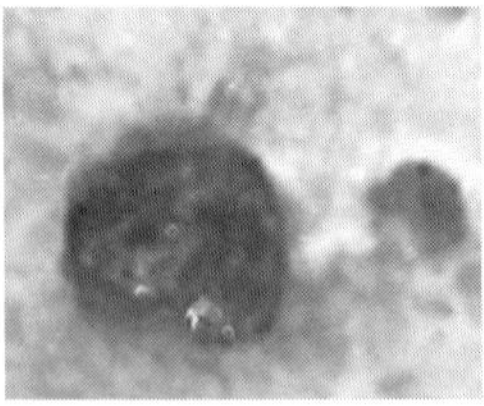

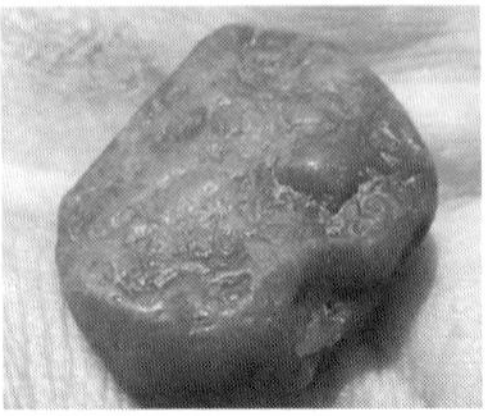

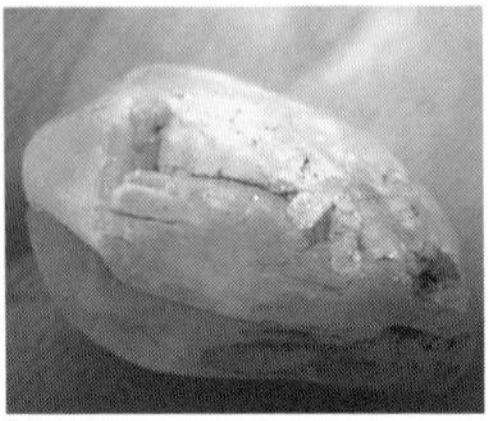

ガーネットが含まれている石(左上)をルーペを使って接写

メノウ（左、約2cm)と水晶（約2cm)

5．感想

私たちの身近にこのような宝石と呼ばれるものが小さいけれども見つかることに驚いた。ほかの川でもこれからこのような目で見てみようと思った。

＜まとめ例2＞

川原で見つけた鉱物を利用した標本箱

＊年＊組＊＊＊＊＊＊

1．目的

川原の石の中に含まれる鉱物でどれくらいの種類を集めることができるか試みた。

2．方法

家族と川原に遊びに行くたびにそこにある石を観察してこれまでにない鉱物が含まれている場合は、3cm四方くらいの大きさに整形して持ち帰った。近畿地方の主な川は次の図（69頁参照）に示す。

3．資料の整理

これまでいろいろな川の川原で見つけた鉱物を川ごとにまとめて整理してみた。そしてその鉱物名を調べてラベルを作った。ラベルには鉱物名、採集した場所、見つけた日を書き込んだ。標本箱は和菓子が入っていた紙箱を利用した。

鉱物を整理した箱

4．まとめ

川ごとに見つかる鉱物が異なる組み合わせであることがわかった。ほとんどの川で見つかった鉱物は石英であった。木津川では、紅柱石、水晶、白雲母、黒雲母、ガーネット。大和川では、サヌカイト（岩石名）、ガーネット、カンラン石。加古川では、水晶、高温水晶、砂金、珪化木、長石。

このように多くの種類の鉱物を集めることができた。川によって見つかる鉱物が違うのは上流に分布している岩石によると考えられる。

5．感想（省略）

◆装飾品を作る

川原で天然石を探してそれを使って、いろいろな小物を作ってみましょう。いくつかを紹介しますがこれ以外にも工夫すると別な楽しみ方ができます。あなたも挑戦してみてください。口絵にもさまざまな作品例を紹介しています。

＜準備するもの＞

見つけた天然石、ジュエリーワイヤー（銅線0.32mm や0.4mm)、テグス（ナイロン製の細い糸)、ペンチ（先が丸いものと平たいもの)、ピンセット、接着剤（速乾性、無色透明）など。

いろいろな天然石

ワイヤー

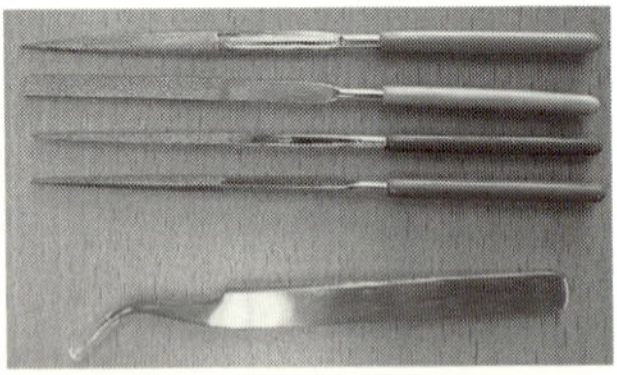

ダイヤモンドやすりとピンセット

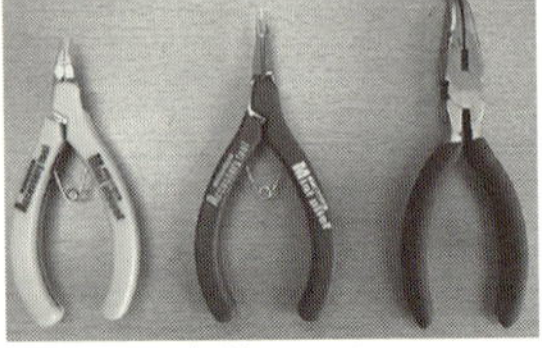

各種ペンチ

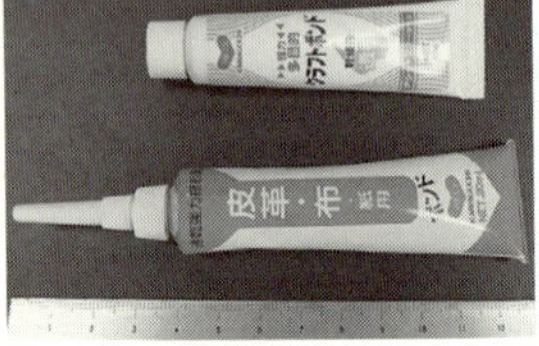

接着剤

このほかにも作るものによって必要な材料や道具がありますが、クラフト店などに行くとそれらをそろえることができます。

＜作品例＞

作り方の詳しい説明は書籍が出ているのでそれを参考にしてください。ここでは出来上がったものをいくつか紹介します。

◎小瓶を使う方法

準備するもの：小粒の天然石、小瓶各種

いろいろな形の小瓶があります。それにガーネットや石英（水晶片）、ペリドットの砂粒状のものを封入します。水を入れておくときれいに輝きます（口絵にも作品例）。

◎色粘土を使う場合

準備するもの：小粒の天然石や高師小僧など、色粘土

▶ガーネットをはめた粘土や高師小僧（右）に色粘土の小花

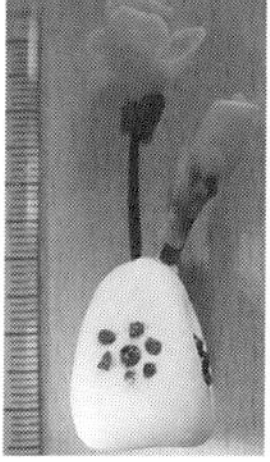

◎板状の小物を使う場合

準備するもの：小粒の天然石、板状小物各種、接着剤

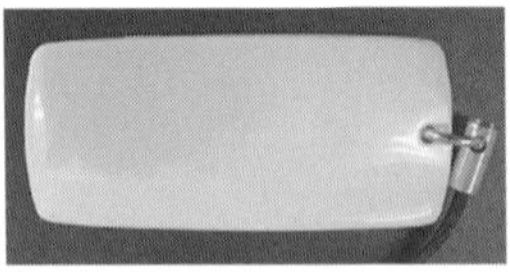

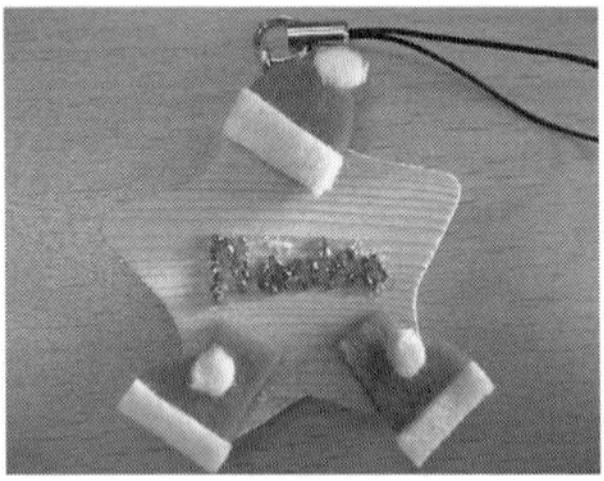

小粒のガーネットを並べて文字を書く

◎ワイヤーを使う場合

準備するもの：天然石、ワイヤー

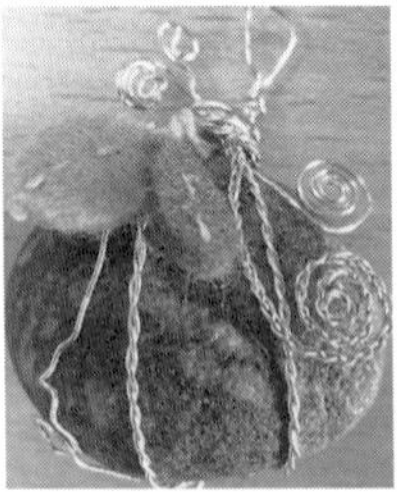

◀斑点状の長石

市販のワイヤーフレームに火山岩とレッドジャスパー

◎ミニ箱庭

準備するもの：箱などの器、利用する天然石、砂

（口絵に作品例）

宝石コラム　11

誕生石

誕生石のいわれには諸説あります。「出エジプト記」にある宝石、「モーゼの審判」に使われた宝石、「黙示録」にある宝石といずれも12種類です。誕生石を身につける習慣は、18世紀ころポーランドに移住したユダヤ人から広まったとされます。現在のリストは1912年米国宝石産業協議会が制定したものが基準になっていますが、若干国により異なっています。

	日本	イギリス	アメリカ
1月	ガーネット	ガーネット	ガーネット
2月	アメジスト	アメジスト	アメジスト
3月	アクアマリン	アクアマリン	アクアマリン
	ブラッドストーン	ブラッドストーン	ブラッドストーン
	サンゴ		
4月	ダイヤモンド	ダイヤモンド	ダイヤモンド
5月	エメラルド	エメラルド	エメラルド
	ヒスイ	クリソプレーズ	ヒスイ
6月	真珠	真珠	真珠
	ムーンストーン	ムーンストーン	ムーンストーン
7月	ルビー	ルビー	ルビー
		カーネリアン	アレキサンドライト
8月	ペリドット	ペリドット	ペリドット
	サードオニキス	サードオニキス	サードオニキス
9月	サファイア	サファイア	サファイア
	ラピスラズリ		
10月	オパール	オパール	オパール
	トルマリン		ピンク・トルマリン
11月	トパーズ	トパーズ	トパーズ
	シトリン		シトリン
12月	ターコイズ	ターコイズ	ターコイズ
	ラピスラズリ		ラピスラズリ

宝石コラム　12

世界の10大宝石

世界中には、宝石が非常にたくさんあります。その中でも人々の心を魅了している宝石が10種類あります。これらの宝石を世界10大宝石といいます。

・ダイヤモンド・ルビー・サファイア・エメラルド・アレキサンドライト・キャッツアイ・オパール・スタールビー・スターサファイア・ヒスイ

◎世界の５大宝石

国により少し違います。特に日本は真珠を５大宝石に選んでいます

日本：真珠・ダイヤモンド・ルビー・サファイア・エメラルド

アメリカ：アレキサンドライト・ダイヤモンド・ルビー・サファイア・エメラルド

オーストラリア：オパール・ダイヤモンド・ルビー・サファイア・エメラルド

西洋・東洋で色の違いで選んだ４大宝石があります。

◎西洋の４大宝石

赤：ルビー　青：サファイア　緑：エメラルド　無色：ダイヤモンド

◎東洋の４大宝石

赤：珊瑚　青：ラピスラズリ　緑：ヒスイ　無色：真珠（水晶）

4章　石についてもっと知ろう

◆天然石（鉱物・宝石）とは？

天然石という専門用語はありません。一般に広く使われているこの言葉は鉱物（宝石を含む）やきれいな石をさしているように思います。ただ鉱物は専門用語ですから定義があります。「天然に野外で見つかるもの。無機物で規則的な原子配列をもち（結晶している）、ほぼ一定の化学組成をもつもの」ということです。

例外もあります。古代の樹液が固まってできたコハクは有機物です。水銀は金属ですが常温では液体です。

宝石も鉱物の一種ですが、特に定義はありません。「色」・「透明度」・「輝き」といった外見上の美しさやモースの硬度計で7以上の「硬さ」を持っている（例外はあります。トルコ石は硬度5です）、「産出量が非常に少ない」といった条件を満たして初めて宝石として認められます。

いろいろな形をした天然石

水晶（左側）とガラス（右側）

ガラスは無機物ですが鉱物ではありません。理由はガラスをつくっている原子が規則正しく並んでいないからです。そのため熱を加えていくと温度により硬さが変わり加工ができます。ガラス細工ができるのはガラスが鉱物ではないからです。

◆鉱物はどのようにしてできるのか

でき方については次のように分けることができます。

①マグマが冷えて固まるときにできる

マグマが冷え固まるときの温度でできる鉱物や宝石が異なります。マグマの温度が1000℃～750℃の時にはダイヤモンド、鉄、ニッケル、白金などができます。750℃～500℃のときには石英、長石、黒雲母などの結晶ができます。500℃～374℃に冷却すると蛍石、トルマリン、トパーズなどが結晶して出てきます。374℃以下の高温・高圧の熱水が岩の割れ目などで冷却すると金や銀、黄鉄鉱などができます。

②外部からの温度や圧力によって再結晶するときにできる

岩石が地殻変動による圧力やマグマの上昇による熱の変成作用を受け新しくできる鉱物です。クジャク石、ルビー、サファイア、エメラルド、ザクロ石などがあります。古代から日本で宝石とされ珍重されたヒスイもこの種類に分類されます。

③生物からできる

動物の骨や歯が化石になるときにできる鉱物があります。例えば黄鉄鉱化したアンモナイト、オーストラリアで見つかるオパール化した恐竜の化石や、石英質の木の化石（珪化木）などです。

④風化や侵食によってできる

海水中の塩分や石灰分が堆積すると岩塩や石膏ができ、岩石の風化によって再堆積し珪ニッケル鉱やボーキサイトなどができます。風化した岩石中に金や白金、ダイヤモンドなどが含まれていて川の水で運ばれて堆積することもあります。砂金が河川でよく見つかるのはそのためです。

⑤宇宙からの訪問者

隕《いん》石（隕鉄）は宇宙からやってくる鉱物です。

◆天然石の分類

①色で分ける

鉱物は現在のところおよそ5000種類あるとされています。その中でも宝石と呼ばれるものはおよそ70種類ほどです。さらによく知られている宝石は20種類くらいです。

最初に天然石を手にして気がつくのは色と形です。天然石を分類する場合にもこの２つが大きな決め手となります。

大別すると無色・透明も含めて11種類程度になります。

宝石の色	宝石の種類
無色（透明）	ダイヤモンド、トパーズ、水晶など
赤色	ガーネット、ルビー、スピネルなど
桃色	紅水晶、バラ輝石など

黄色	トパーズ、コハクなど
褐色	ガーネット、ジルコンなど
緑色	エメラルド、マラカイトなど
青色	サファイア、トルコ石など
紫色	アメジスト、蛍石など
黒色	電気石、赤鉄鉱、煙水晶など
金色	自然金、黄銅鉱、黄鉄鉱
銀色	自然銀、方鉛鉱

天然石に色がつくのは含まれている微量な化学成分の違いによります。例えば、ルビーとサファイアはコランダムとよばれ、酸化アルミニウム（Al_2O_3）からできていますが不純物としてクロムを含むと赤色のルビーとなり、鉄とチタンを含むと青色のサファイアとなります。

②形で分ける

天然石はいろいろな形をして産出してきます。立方体、正八面体、多面体状、六角柱状、球状、板状、針状、クラスター状、不定形とさまざまです。珍しいものとしてはぶどう石という鉱物はブドウの房のような形で出てきます。金平糖石は自然ヒ素が集まってできたまさしく金平糖のような形をした石で

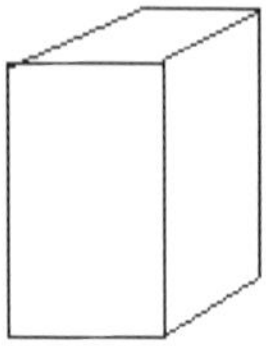

柱状

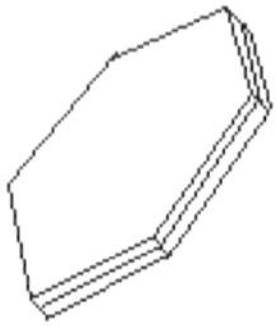

六角板状

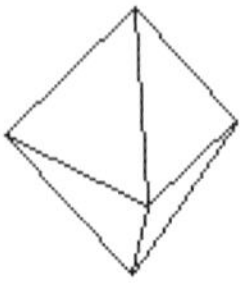

八面体

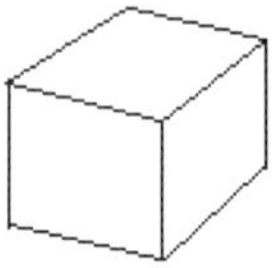

六面体（立方体）

す。黄鉄鉱は立方体や五角十二面体をはじめ10種類以上の形をしています。

柱状—角閃石、輝石

六角柱状—水晶

六面体（立方体）—方鉛鉱、黄鉄鉱など

六角板状—雲母、サファイア

平行六面体—方解石など

八面体—ジルコン、スピネル、ダイヤモンド、磁鉄鉱、黄鉄鉱など

五角十二面体—黄鉄鉱、ガーネットなど

二十四面体—ガーネットなど

③化学成分で分ける

化学成分で分ける場合は以下のような分類が一般的です。

ただ、化学成分が同じでも原子の並び方が異なると、異なる

	化学組成	天然石の例
元素鉱物	金属元素の単体	金、銀
酸化鉱物	酸素（O_2）を含む	赤鉄鉱
ハロゲン化鉱物	ハロゲン（Cl,F,Br）を含む	岩塩、蛍石
硫化鉱物	硫黄（S）を含む	辰砂
珪酸塩鉱物	珪酸塩（SiO_4）を含む	石英
クロム酸塩鉱物	クロム酸塩（CrO_4）を含む	紅鉛鉱
硝酸塩鉱物	硝酸塩（HNO_3）を含む	硝石
炭酸塩鉱物	炭酸塩（CO_3）を含む	方解石
ホウ酸塩鉱物	ホウ酸塩（BO_3）を含む	テレビ石
硫酸塩鉱物	硫酸塩（SO_4）を含む	重晶石
リン酸塩鉱物	リン酸塩（PO_4）を含む	トルコ石

鉱物になります。例えばダイヤモンドと石墨はどちらも炭素(C)でできていますが、ダイヤモンドは原子が正四面体の構造で結びついており、石墨は平面的な六角形に原子が層として重なっている構造をしています。

◆天然石と人造石を見分けるには

天然石と人造石を見分けるのはとても難しく、宝石を扱っている人でもなかなか違いを見分けにくいといわれています。

最初の人造宝石は1877年にフランスで造られたルビーです。

◎合成宝石

天然宝石と同じ化学成分を持つ宝石で、「合成○○」とよばれます。ルビー、サファイア、ダイヤモンド、エメラルド、アレキサンドライト、オパールなどがあります。

◎人造宝石

イミテーションとよばれています。素材としてはガラスが最もよく使われています。ルビー、サファイア、ダイヤモンド、エメラルド、オパール、トルコ石などがあります。

◎模造宝石

ガラス、骨、貝、陶器などを使って造った宝石をいいます。

◎貼り合せ石

種類の異なる素材を貼り合せることで、１つの宝石のように見せているものです。上下２つの部分からなるものをタブレット、上中下の３つの部分を貼り合せたものトリブレットといいます。本タブレットは上下ともに同種類、同色をした天然石を使ったものです。セミ本タブレットはトップに天然石、ベースに合成宝石やイミテーションを使った宝石です。擬タブレットは間にはさむ部分にだけ天然石の薄片を使い、上下はガラスを使った宝石です。

◆天然石（鉱物）の性質

天然石の性質について調べる方法のいくつかを紹介します。

①硬さ

ダイヤモンドは最も硬い物質で、他の物を傷つけますが、叩けば砕けてしまいます。硬いというのは傷がつきにくいということです。鉱物の硬さを調べる尺度としてモースの硬度計があります。硬さのわからない鉱物どうしをこすり合わせた場合、傷がついたほうが柔らかいことになります。その基準となる鉱物が決められています。それがモースの硬度計です。

硬度＝基準となる鉱物	参考
10＝ダイヤモンド	ガラス切り（10）
9＝コランダム	
8＝トパーズ	
7＝石英	
6＝カリ長石	ナイフ（6）
5＝リン灰石	ガラス（5.5）
4＝蛍石	鉄釘（4.5）
3＝方解石	10円硬貨（3）
2＝石膏	爪（2.5）
1＝滑石	

蛍石（３面のへき開面）

黒ヨウ石の貝殻状断口

②割れ口

規則正しく割れる場合と不規則に割れる場合とがあります。

鉱物が一定方向に規則正しく割れる様子を「へき開」といい、鉱物特有の割れ方をします。

へき開面は１面のものから６面のものまであります。例えば１面のものは、雲母で何枚にもめくれる面がへき開面です。一方不規則に割れた場合の面を「断口」といい、形状から貝殻状断口などといいます。

③屈折率と輝き

光は、密度の異なる物質を通過した時には屈折をします。

光が鉱物を通過したときにどの程度屈折するかを示す値が屈折率です。光を通す透明な鉱物はキラキラしています。人は一般にキラキラしている鉱物を美しいと感じます。ダイヤモンドが輝いて見えるのは他の鉱物に比べて屈折率が大きいためです。多くの鉱物の屈折率は1.9～1.5くらいですが、ダイヤモンドは2.42もあります。

④複屈折

方解石を文字の上に置くと写真のように下の文字が２重に見えます。この現象を複屈折といいます。方解石が２つの屈折率を持つためにおきる現象です。

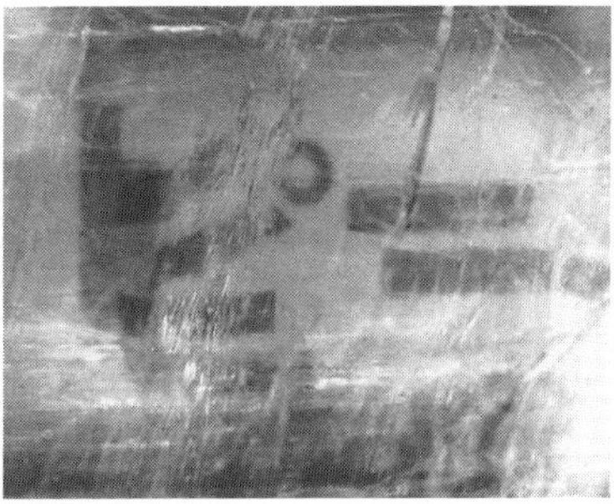
「ピー」の字が２重に見える

⑤加熱や紫外線（ブラックライト）で光る鉱物

加熱や、紫外線をあてると蛍光を発する鉱物があります。

蛍石の名は蛍光色を発することによります。蛍石を加熱すると青白い光を発します。紫外線で蛍光を発する蛍石もあります。

灰重石やリン灰石は紫外線をあてると蛍光を発します。博物館などでは、他の鉱物と展示を別にして真っ暗な中で光り輝く様子を見学できるようにしています。

◎口絵掲載写真番号で次のものはそれぞれの方の採集物（敬称略）。

1中川雅浩	2白石由里	3森川博雄	5田井素雄
6増田昌子	11田中寛子	12大坪桜子	15中川達也
19玉嵜真規子	22藤原真理	28八木ひろみ	31中路清種
32別府邦子	35中村嘉子	36玉嵜一彦	70内丸謙次
71松浦正	72中村嘉子	73安田洋子	

◎本文に掲載した写真のうち次のものはそれぞれの方の採集物（敬称略）。

11頁（左）加藤真由美　18頁（上）谷川真由美

18頁（下）唐錦秀和　　25頁（右）佐々木肇

28頁　本田拓人

おわりに

これまで８年間にわたって地学の普及のために平岡さん、香川さん、上島さんと野外での天然石探しの講座を開催してきました。その数は100回を超えました。長く続けられてきた大きな原因はこのような天然石に興味がある方が多くおられることだと思います。ほとんどの方はこのような石探しははじめての方が多く、子どものころ、石が好きだったのがよみがえってきたなど、これをきっかけにこの世界に入っていかれる方が多いようです。そして何度も参加されるようになってこられます。年齢層も全世代にわたるようですが、多いのは40歳台以上です。

それぞれの場所で30人や40人の参加者の多くの目で探すためにいいものが見つかることがあり、そのつどスタッフの香川直子さんがその石を写真に収めてきました。本書にはそのときの写真が多く使われています。掲載しました写真の石を見つけられた方のお名前も前頁に掲載させていただきました。またビルの石材については関ヶ原石材㈱の柿木さんにいろいろお教えいただきました。

本書の出版は東方出版の北川幸さんの大変な編集作業のおかげで出来上がりました。改めて感謝の意を表したいと思います。

柴山元彦

＜編著者＞
柴山元彦　　自然環境研究オフィス代表　理学博士

＜執筆者と分担＞
柴山元彦　　第１章、第２章、第３章
香川直子　　第３章、地図とイラスト制作
平岡由次　　第３章
芝川明義　　第４章、コラム
上島昌晃　　コラムの５、６、７

関西地学の旅⑨　**天然石探し**

2012年８月８日　初版第１刷発行
2021年２月25日　初版第２刷発行

著　者――自然環境研究オフィス
発行者――稲川博久
発行所――東方出版㈱
〒543-0062　大阪市天王寺区逢阪２－３－２
TEL06-6779-9571　FAX06-6779-9573
装　幀――森本良成
印刷所――亜細亜印刷㈱

ISBN978-4-86249-202-9　　乱丁・落丁はおとりかえいたします。